# 茶 艺 服 务

主　编　殷安全　彭　景
副主编　刘　容　谭　明　田　方
参　编　朱世容　林　敏　杨　粒
鲜吉琴　何婷婷　段　娟

重慶大學出版社

## 内容简介

本教材共有4个学习项目。其内容包括:茶艺服务人员的基本礼仪;茶文化基础知识、茶叶基础知识、名茶知识、茶具知识,以及泡茶用水的基础知识;茶品销售的方法;绿茶、红茶、乌龙茶及黑茶的冲泡技艺。

本书可作为中等职业学校及高星级饭店运营与管理专业教材,也可供从事茶艺服务的人员使用。

**图书在版编目(CIP)数据**

茶艺服务 / 殷安全,彭景主编.—重庆:重庆大学出版社,2014.5(2022.8 重印)
国家中等职业教育改革发展示范学校教材
ISBN 978-7-5624-8168-3

Ⅰ.①茶… Ⅱ.①殷… ②彭… Ⅲ.①茶叶—文化—中国—中等专业学校—教材 Ⅳ.①TS971

中国版本图书馆 CIP 数据核字(2014)第 086693 号

**茶艺服务**

主 编 殷安全 彭 景
策划编辑:彭 宁 何 梅
责任编辑:李桂英 赵 琴 版式设计:彭 宁 何 梅
责任校对:谢 芳 责任印制:张 策

*

重庆大学出版社出版发行
出版人:饶帮华
社址:重庆市沙坪坝区大学城西路 21 号
邮编:401331
电话:(023) 88617190 88617185(中小学)
传真:(023) 88617186 88617166
网址:http://www.cqup.com.cn
邮箱:fxk@ cqup.com.cn (营销中心)
全国新华书店经销
重庆长虹印务有限公司印刷

*

开本:787mm×1092mm 1/16 印张:7.5 字数:187 千
2014 年 6 月第 1 版 2022 年 8 月第 6 次印刷
印数:5 501—7 500
ISBN 978-7-5624-8168-3 定价:36.00 元

## 国家中等职业教育改革发展示范学校<br>建设系列教材编委会

# 序 言

加快发展现代职业教育，事关国家全局和民族未来。近年来，涪陵区乘着党和国家大力发展职业教育的春风，认真贯彻重庆市委、市政府《关于大力发展职业技术教育的决定》，按照“面向市场、量质并举、多元发展”的工作思路，推动职业教育随着经济增长方式转变而“动”，跟着产业结构调整升级而“走”，适应社会和市场需求而“变”，学生职业道德、知识技能不断增强，职教服务能力不断提升，着力构建适应发展、彰显特色、辐射周边的职业教育，实现由弱到强、由好到优的嬗变，迈出了建设重庆市职业教育区域中心的坚实步伐。

作为涪陵中职教育排头兵的涪陵区职业教育中心，在中共涪陵区委、区政府的高度重视和各级教育行政主管部门的大力支持下，以昂扬奋进的姿态，主动作为，砥砺奋进，全面推进国家中职教育改革发展示范学校建设，在人才培养模式改革、师资队伍建设、校企合作、工学结合机制建设、管理制度创新、信息化建设等方面大胆探索实践，着力促进知识传授与生产实践的紧密衔接，取得了显著成效，毕业生就业率保持在97%以上，参加重庆市、国家中职技能大赛屡创佳绩，成为全区中等职业学校改革创新、提高质量和办出特色的示范，成为区域产业建设、改善民生的重要力量。

为了构建体现专业特色的课程体系，打造精品课程和教材，涪陵区职业教育中心对创建国家中职教育改革发展示范学校的实践成果进行总结梳理，并在重庆大学出版社等单位的支持帮助下，将成果汇编成册，结集出版。此举既是学校创建成果的总结和展示，又是对该校教研教改成效和校园文化的提炼与传承。这些成果云水相关、相映生辉，在客观记录涪陵职教中心干部职工献身职教奋斗历程的同时，也必将成为涪陵区职业教育内涵发展的一个亮点。因此，无论是对该校还是对涪陵职业教育，都具有十分重要的意义。

党的十八大提出“加快发展现代职业教育”，赋予了职业教育改革发展新的目标和内涵。最近，国务院召开常务会，部署了加快发展现代职业教育的任务措施。今后，我们必须坚持以面向市场、面向就业、面向社会为目标，整合资源、优化结构，高端引领、多元办学，内涵发展、提升质量，努力构建开放灵活、发展协调、特色鲜明的现代职业教育，更好适应地方经济社会发展对技能人才和高素质劳动者的迫切需要。

衷心希望涪陵区职业教育中心抓住国家中职示范学校建设契机，以提升质量为重点，以促进就业为导向，以服务发展为宗旨，努力创建库区领先、重庆一流、全国知名的中等职业学校。

是为序。

项显文

2014 年 2 月

# 前言

茶是人们生活的一部分，也是中国传统文化的一部分。当今社会，茶文化日渐时尚，古老的茶产业焕发了新的生机。茶艺师，作为一个全新的职业正悄然走俏。作为一个职业技能师，这是一个既可以修身养性又可以得到高收入的职业。2002 年 11 月 8 日，《茶艺师国家职业标准》正式颁布，这表明茶艺的行业地位在我国正式确立。在我国星级酒店的评定标准中明确提出五星级饭店应有独立的茶室作为客人休息、交流的服务场所。这一评定标准更是加大了社会对茶艺师的需求量。为此，编者参考了大量有关方面的专著和最新资料，编写了此书，供中等职业学校高星级饭店运营与管理专业使用。

本书详细介绍了茶艺服务人员的礼仪、客前的知识准备、茶品的销售以及各类茶的冲泡服务。在编写过程中，力求做到理论联系实际，并将中职学生的学习习惯融入到教材中，力求作到“做中学”“学中做”的教学理念，从而体现出本教材的实用性。

本书参考学时为 80 学时，共有 4 个学习项目。项目一介绍了茶艺服务人员的基本礼仪；项目二介绍了茶文化基础知识、茶叶基础知识、名茶知识、茶具的知识，以及泡茶用水的基础知识；项目三介绍了茶品销售的方法；项目四介绍了绿茶的冲泡技艺、红茶冲泡技艺、乌龙茶的冲泡技艺、黑茶的冲泡技艺。

本书由重庆市涪陵区职业教育中心殷安全、彭景任主编，重庆市涪陵区职业教育中心刘容、谭明、田方任副主编。项目一、项目二的学习情境一和学习情境二由涪陵区职业教育中心彭景编写；项目二学习情境三由重庆城市管理职业学院朱世容编写；项目三由重庆市黔江职业教育中心林敏编写；项目四学习情境一由涪陵区职业教育中心杨粒编写；项目四学习情境二由蕴茶文化传播有限公司创办人鲜吉琴编写；项目四学习情境三由重庆城市管理职业学院段娟编写；项目四学习情境四由涪陵区职业教育中心何婷婷编写；本书图片拍摄及剪辑由重庆市涪陵区职业教育中心彭景、杨粒完成。殷安全、彭景负责全书的统稿和修改。本书可作为中等职业学校的教材，也可供从事茶艺服务的人员使用。

由于编者水平有限，书中难免有不当和错误之处，恳请使用本书的教师和广大读者批评指正。

编　者

2014 年 2 月

# 目 录

# 茶艺礼仪

**项目描述**

中国是礼仪之邦，掌握日常的接待礼仪是作为极具中国古典文化氛围茶艺馆的服务人员的必修课，也是茶艺师中级技能考核要求编入的基本核心项目。此项目包括了茶艺服务人员的基本礼仪一个学习情境。通过对此项目的学习，让学生能在接待宾客时做到规范的仪容仪表、仪态、茶艺礼仪举止，掌握茶艺馆的基本接待礼仪。

**情景导入**

宁馨是一名刚毕业的学生，今天她找到的第一份工作是在一间名为“兰亭轩”的茶艺馆做服务人员，找到这份工作的她非常开心，于是在上班前，她准备将自己好好打理一番，好迎接新的生活。首先，她来到镜子面前，对自己的仪容仪表进行检查……

## 学习情境 茶艺服务人员的基本礼仪

**学习目标**

掌握标准仪容仪表的基本要求；掌握标准服务姿态的基本要求；能进行自我检查和修饰；提高对职业形象的认识和理解，时刻注意仪态美，养成良好的生活习惯。

**知识学习**

### 一、茶艺服务人员的仪容仪表基本要求

仪容仪表包括人的容貌、身材、姿态、修饰、服饰等。好的仪容仪表会产生形象魅力，使人产生愉悦感，具有吸引力，从而赢得对方的好感。茶艺服务中，需要服务人员与宾客之间进行面对面的交流，服务人员的仪容仪表会给宾客留下深刻的第一印象。所以，茶艺服务人员在仪容仪表方面应有严格的要求。

(一)着装

服装要时刻保持干净整洁、外观平整,符合茶艺馆的形象,没有污渍或褶皱。由于茶艺具有传统性和民族性,属东方文化,要体现一种中国独有的文化内涵和历史渊源,所以茶艺服务人员的服装以中式为宜;茶艺服务人员的着装不宜太夸张,要与环境、茶具相匹配;为操作方便,袖口不宜过宽;鞋袜与服饰要搭配协调。(图 1-1)

图 1-1　着装



(二)面部

茶艺服务人员的面部修饰以恬静、素雅为主,宜化淡妆。男性服务人员不能留胡须或是大鬓角。口腔不能有异味,不要用气味浓烈的香水。

微笑是茶艺服务人员传播信息的重要符号。茶艺服务人员的微笑是有礼貌的、温馨自然的,也是富有亲和力的,是一个人真实情感的流露。微笑时要做到目光柔和发亮,双眼略微睁大,眉头自然舒展,眉毛微微向上扬起。在和宾客交流时,要注视对方,但注视时间不能太长,以 3 ~5 秒为宜,同时注视宾客的三角区域,表示尊敬。在为宾客泡茶时,面部表情要平和放松,面带微笑。(图 1-2)

图 1-2　微笑

（三）发型

茶艺服务人员首先要做到头发整洁、无异味，不能染发、烫发。男性服务人员的头发要做到“三不”，即前不及眉，侧不遮耳，后不及领；女性服务人员的发型应具有传统、自然的特点，要与茶艺内容、自身脸型、气质相配，切忌让头发垂于前胸影响操作。（图 1-3、图 1-4）

图 1-3 发型

图 1-4 发型



（四）手部

作为茶艺服务人员，拥有一双纤细、柔嫩的手是非常有必要的，并随时保持清洁、干净。指甲须经常修剪，不留长指甲，不涂有色指甲油，不能配戴饰品。（图 1-5）

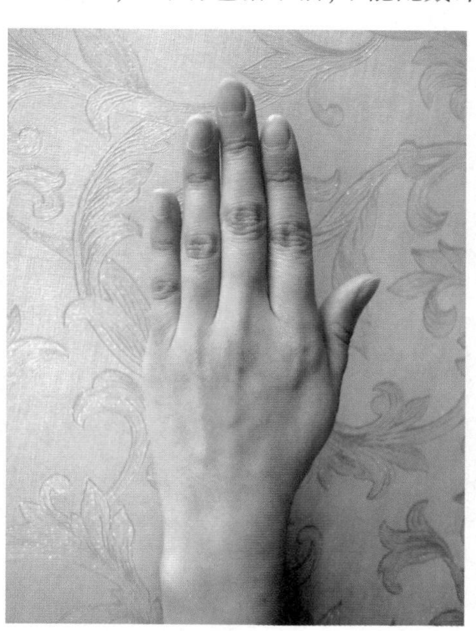

图 1-5 手部

## 二、茶艺服务人员仪态的基本要求

正确的站姿、坐姿、走姿是茶艺服务人员提供良好服务的重要基础，也是使宾客在品茶的同时得到感官享受的重要方面。

图 1-6　站姿

(一)站姿

站立时应精神饱满，身体有向上之感，能体现茶艺服务人员的整体美感，给宾客带来美的感受。女性茶艺服务人员站立时，双脚呈“V”字形，脚后跟要靠紧。(图 1-6)男性茶艺服务人员双脚叉开的宽度窄于双肩，双手可交叉放在背后。

(二)坐姿

为客沏茶是茶艺服务人员的主要工作，如果坐姿不正确会显得很失礼，因此良好的坐姿尤为重要。泡茶时，头正肩平，双腿并拢，脚尖朝正前方，双手不操作时可平放于操作台上，给人以大方、自然、端庄、亲切的感觉。(图 1-7、图 1-8)

图 1-7　坐姿

图 1-8　坐姿

(三)走姿

茶艺服务人员在工作时经常处于行走的状态中，因此，掌握正确优美的走姿并运用到工作中去是成为茶艺服务人员的必修课。茶艺服务人员的走姿应落落大方、文雅、端庄，给人以沉着、稳重、冷静的感觉。正确的走姿应当身体直立，收腹直腰，两眼平视前方，双臂放松在身体两侧自然摆动。（图1-9）

图1-9　走姿

## 三、茶艺服务人员的礼仪动作

（一）鞠躬礼

鞠躬礼分为站式、坐式和跪式三种。站式鞠躬与坐式鞠躬比较常用。“真礼”用于主客之间，弯腰90°；“行礼”用于宾客之间，弯腰60°；“草礼”用于说话前后，弯腰15°。（图1-10、图1-11）

图1-10　坐式鞠躬礼

图1-11　站式鞠躬礼

（二）伸掌礼

伸掌礼是在茶艺服务中常用的特殊礼节。行伸掌礼时五指自然并拢，手心向上，左手或右手从胸前自然向左或向右前伸。伸掌礼可用在给宾客引座、向宾客介绍茶具和向宾客敬茶时。给宾客敬茶时使用伸掌礼，并讲“请用茶”。（图 1-12）

图 1-12　伸掌礼



（三）奉茶礼

斟茶时只七分即可，暗示“七分茶三分情”之意。俗云“茶满欺客”，二则也便于握杯啜饮。奉茶应在主客未正式交谈前。

奉茶应讲究先后顺序，一般应为：先客后主、先女后男、先长后幼。

正确的步骤是：双手端茶从宾客的右后侧奉上。要将茶盘放在临近宾客的茶几上，然后右手拿着茶杯的中部，左手托着杯底，杯耳应朝向宾客，双手将茶递给宾客，同时要说“请用茶”。

奉茶应注意：尽量不要用一只手奉茶，尤其不能用左手。切勿让手指碰到杯口。为宾客倒的第一杯茶，通常不宜斟得过满，以杯深的 2/3 处为宜。把握好续水的时机，以不妨碍宾客交谈为佳，不能等到茶叶见底后再续水。

（四）寓意礼

茶艺活动中，自古以来在民间逐渐形成了不少带有寓意的礼节，作为茶艺服务人员，在为宾客服务时应留意这些细小的礼仪动作。

**1. 凤凰三点头**

“凤凰三点头”是茶艺中一种传统礼仪，是对宾客表示敬意，同时也表达了对茶的敬意。茶艺服务人员提壶三起三落，此手法表示对宾客的三鞠躬，也是中国传统礼仪的体现。

2. 叩首礼

当茶艺服务人员给宾客敬茶时，宾客可用叩首礼来表示对茶艺服务人员的谢意。具体操作：食指和中指并拢弯曲，在桌子上轻叩两下，以“手”代“首”，二者同音，这样“以手代叩”，表示尊敬、谢意。

3. 其他寓意礼

(1)双手内旋

在进行回转注水、斟水、温杯、烫壶等动作时可用到单手回旋，则右手必须按逆时针方向，左手必须按顺时针方向动作，类似于招呼手势，表示招手“来！来！来！”的意思，欢迎宾客来品茶；若相反方向操作，则表示挥手“去！去！去！”的意思。

(2)斟茶量

斟茶时，水量应控制到七分满，表示对宾客的尊重，俗语有云：“酒满敬人，茶满欺人。”

(3)茶具摆放

茶壶放置时壶嘴不能正对宾客，茶荷的荷口也不能正对宾客，正对宾客表示请宾客离开。



## 实训活动

### 实训活动一

活动名称：仪容仪表的自我检查。

活动目的：能进行仪容仪表的自我检查；能在生活中保持良好的仪容仪表。

活动过程：教师准备全身镜，学生在镜前对自己的仪容仪表进行检查，找出不足之处并改正。

活动评价：请将检查结果填到表内。

活动时间：　　　　　　　　　　　　　　活动人员：

| 自查内容 | 自查标准 | 自查情况(优/良/中/差) |
| --- | --- | --- |
| 着装 | 服装干净整洁、外观平整，没有污渍或褶皱，着校服或传统中式服装 | |
| 面部 | 面部干净、带笑容；口腔无异味，没有浓烈的香水味 | |
| 发型 | 头发整洁、无异味，没染发、烫发 | |
| 手部 | 清洁、干净；没留长指甲，没涂有色指甲油，没配戴饰品 | |

### 实训活动二

活动名称：仪态与礼仪动作的练习。

活动目的：掌握正确的仪态和规范的礼仪动作，能在生活中保持良好的仪态和运用规范的礼仪动作。

活动过程：分组进行茶艺服务人员的仪态与礼仪动作的练习，选出“宾客”与“服务人员”，教师随机抽取一组进行展示，并进行组内点评和各组互评。

活动评价：填写考核评价表，请将你的各项测评填到下面的表格中。

活动时间：　　　　　　　　　　　　　　　　展示人员：

| 测评内容 | 测评标准 | 完成情况(优/良/中/差) |
| --- | --- | --- |
| 站姿 | 精神饱满，身体有向上之感 | |
| 坐姿 | 头正肩平，双腿并拢，脚尖朝正前方，给人以大方、自然、端庄、亲切的感觉 | |
| 走姿 | 身体直立，收腹直腰，两眼平视前方，双臂放松在身体两侧自然摆动 | |
| 鞠躬礼 | 头颈背成一条直线，弯腰速度适中 | |
| 伸掌礼 | 五指自然并拢，手心向上，左手或右手从胸前自然向左或向右前伸 | |
| 奉茶礼 | 奉茶顺序正确、茶水未洒落 | |



## 知识拓展

### 叩首礼的来历

据说，乾隆皇帝游江南，来到淞江，带了个太监，便衣打扮，路过一间茶馆，口渴便进去喝茶。茶店老板见乾隆穿着比他身边的太监差，以为乾隆是仆，太监是主，就将茶壶递给乾隆斟茶，乾隆也不忌讳，帮太监斟完茶，给自己也斟了一杯。皇帝向太监斟茶，这不是反礼了，在皇宫里太监要跪下来三呼“万岁！万岁！万万岁！”可是在这三教九流混杂的茶馆里，暴露了身份，这是性命交关的事啊！太监当然不笨，急中生智，忙用食指和中指并拢弯曲，在桌子上轻叩了两下，表示以手来代替叩头。以“手”代“首”，二者同音，这样“以手代叩”的动作一直流传至今，表示对亲朋好友敬茶的谢意。

## 项目回顾

1. 作为一名茶艺服务人员，应怎样来规范自己的举止呢？
2. 案例分析：

### 重要的服务仪容仪表

张先生的朋友从外地回来，他约朋友到重庆某茶艺馆喝茶聊天。接待他们的是一位眉清目秀的女服务员,接待服务工作做得很好,可是她面无血色,显得无精打采。仔细留意才发现,原来这位服务员没有化工作淡妆,在茶艺馆昏黄的灯光下显得病态十足,把张先生和朋友吓了一跳。当开始泡茶时,张先生又突然看到茶艺师涂的指甲油缺了一块,当下张先生第一个反应就是"不知是不是掉入我的茶里了?"但为了不惊扰其他宾客用茶,张先生没有将他的怀疑说出来,但喝茶时张先生心里总不舒服。最后,他们唤柜台内的服务员结账,而服务员却一直对着反光玻璃墙面修饰自己的妆容,丝毫没注意到宾客的需要。本次下午茶结束,张先生对该茶艺馆的服务十分不满。

同学们,该茶艺馆的服务人员有哪些错误呢?

**学茶随记**

# 客前准备

**项目描述**

唐·陆羽《茶经》:"茶之为饮,发乎神农氏。"茶叶作为一种神奇的树叶,在我国已有几千年的饮用历史,并形成了中国的茶文化。茶叶的基本知识是作为茶艺服务人员所必需掌握的知识。此项目包括了备茶、备具、备水三个学习情境。通过对此项目的学习,让学生能掌握茶叶、茶具及泡茶用水的相关知识。

**情景导入**

宁馨准备上岗了,但经理告诉她,在顾客来之前作为茶艺服务人员应做好相应的准备——学习茶、茶具以及泡茶用水的相关知识,以便给顾客更专业的引导。于是,宁馨开始了一系列的岗前知识培训……

## 学习情境1 备　茶

### 学习子情境1　茶文化基础知识的准备

**学习目标**

了解茶的起源及发展,掌握中国饮茶方式的演变过程;了解我国各民族的饮茶习俗。

**知识学习**

#### 一、茶的起源

中国是世界上最早发现、种植和利用茶的国度,被称为茶的祖国。茶被我们的祖先发现利用已经有约5 000年的历史。

《神农本草经》:“神农尝百草,日遇七十二毒,得荼而解之。”原文的“荼”就是指“茶”。从这里可以看出茶早在神农氏时,就已经被人们利用。

## 二、茶的发展

### (一)中国用茶的三个阶段

#### 1. 药用

人们早先仅把茶叶当作药物。在《神农本草》《食论》《本草拾遗》《本草纲目》等书中,均有关于“茶”之条目。

#### 2. 食用

食用茶叶,就是把茶叶作为食物充饥,或是做菜吃,如“擂茶”“姜盐豆子茶”“芝麻豆子茶”等。

#### 3. 饮用

饮用就是把茶用为饮料,或是解渴,或是提神。我国的饮茶,在秦统一巴蜀之前,就已经在巴蜀兴起了。

### (二)中国饮茶方法的演变



#### 1. 唐代烹茶

唐代是我国封建社会空前兴盛的时期,也是我国古代茶业大发展的时期。经过几个世纪的积累,饮茶风气普及全国。

唐代有一位爱茶之人,名为陆羽,字鸿渐。他潜心研究茶事,积十余年心得,撰写《茶经》一书,这是世界上第一部最完备的综合性茶学专著,对中国的茶叶生产和饮茶风气的传播都起到了很大的作用。陆羽也因此被后人称为“茶圣”“茶神”。陆羽在《茶经》中讲到当时烹茶的过程:首先要将饼茶碾碎待用;然后以炭火煮水,一沸时,鱼目似的水泡微露,加入茶末;二沸时出现沫饽,将沫饽杓出,备用;三沸时,将沫饽浇入釜中“救沸”,待精华均匀,茶汤便好了。茶汤煮好,均匀地斟入各人碗中,包含雨露均施、同分甘苦之意。

中国的茶叶和饮茶方式也是在唐代才大量向国外传播的,特别是对朝鲜和日本影响很大。

#### 2. 宋代点茶

“茶兴于唐而盛于宋。”宋代的茶叶生产空前发展,饮茶之风非常盛行,特别是上层社会嗜茶成风,王公贵族经常举行茶宴,皇帝也常在取得贡茶后宴请群臣以示恩宠。宋徽宗赵佶因为喜爱茶、研究茶,而撰写了《大观茶论》一书。同时茶已成为民众日常生活中的必需品。茶成为“开门七件事”之一。

宋代盛行“点茶”,也称“斗茶”。“斗茶”所用茶叶为饼茶,将研细后的茶末放在茶碗中，注入沸水，把茶末调匀，然后徐徐注入沸水，以茶筅击拂，使茶汤泡沫均匀，从茶汤、泡沫的颜色和茶叶的香气、滋味来评比高低。

3. 明清泡茶

制茶工艺革新，团茶、饼茶被散茶代替。茶叶、茶具以及茶的冲泡方法大多与现代相似，六大茶类品类齐全。明清时饮茶以泡茶为主，跟现代饮茶方式大致相同。明代朱权还创出点花茶法，即将含苞欲放的梅花、桂花、茉莉花、玫瑰等蓓蕾数枚直接与茶同置碗中，热茶水气蒸腾，双手捧定茶盏，使茶汤催花绽放。既观花开美景，又嗅花香、茶香；色、香、味同时享用，美不胜收。

4. 现代饮茶

现在饮茶成为人们生活中必不可少的事，也出现很多不同的饮用方式。清饮——用开水冲泡，讲究泡茶的水质、水温、茶具，茶中不加奶、糖等辅料。调饮——在茶汤中添加其他辅料，如酒、水果汁等。袋泡茶——将茶叶装在滤纸袋中连袋冲泡饮用的一种小包装茶。罐装茶——一类是纯茶饮料，另一类是添加香料或果汁的混配茶饮料。冷饮——用冷开水冲泡茶叶，或待沸水冲泡茶冷却，或在冲泡好的茶中加冰的饮用方法。

## 三、我国各民族的饮茶习俗



饮茶习俗是指日常饮茶的习惯和风俗。不同地域、不同国家人民的饮茶习俗固然不同，同一国家内不同民族，同一民族中不同地区，乃至同一地区不同人群之间，对茶的爱好也各有千秋。但不同国家、不同地区、不同民族之间，都有为大多数人所喜爱的具有特色的饮茶风尚。一种风尚的形成，绝非一日之功，所以，不同的饮茶习俗，可以说是各国、各族人民在长期饮茶过程中逐渐形成的风俗习惯，与各国的政治经济、地理环境和文化艺术都密切相关。

(一)藏族的酥油茶

喝酥油茶是藏族同胞一种独特的风尚。

相传唐朝时文成公主和亲西藏，文成公主初到西藏，生活很不习惯。每天早晨，当婢女端来牛、羊奶时，她就紧锁双眉，不吃不行，吃了胃又不舒服，于是她想出了一个办法，先喝半杯奶，然后再喝半杯茶，果觉胃舒服了些。以后她干脆把茶汁掺入奶中一起喝，无意之中发觉茶奶混合，其味道比单一的奶或茶都好。从此以后，不仅早晨喝奶时要加茶，就连平常喝茶时也喜欢加些奶和糖，这就是最初的奶茶。

酥油茶是一种在茶汤中加入酥油等原料，再经特殊方法加工成的茶。酥油是把牛奶或羊奶煮沸，用勺搅拌，倒入竹桶内，冷却后凝结在奶液表面的一层脂肪。制酥油茶的茶叶一般选用紧压茶类中的普洱茶、金尖等。(图 2-1、图 2-2)

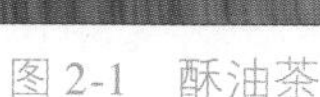

图 2-1　酥油茶

图 2-2　酥油茶茶桶

(二)蒙古族的咸奶茶

蒙古族人民喜欢喝茶、牛羊奶和盐一起煮沸而成的咸奶茶。蒙古族同胞喝的咸奶茶,用的多为青砖茶和黑砖茶。用铁锅烹煮,这一点与藏族打酥油茶时用茶壶的方法不同。但是,烹煮时,都要加入牛奶或羊奶,习惯于"煮茶",这一点又是相同的。这是由于高原气压低,水的沸点在 100 ℃以内,加上砖茶不同于散茶,质地紧实,用开水冲泡,很难将茶汁浸出来的缘故。

(三)傣族、拉祜族的竹筒香茶

竹筒香茶的傣语叫"腊跺",拉祜语叫"瓦结那",是傣族和拉祜族人民别具风味的一种饮料。

竹筒香茶因原料细嫩,又名"姑娘茶",产于西双版纳傣族自治州的勐海县。竹筒香茶外形为竹筒状的深褐色圆柱,具有芽叶肥嫩、白毫特多、汤色黄绿、清澈明亮、香气馥郁、滋味鲜爽回甘的特点。只要取少许茶叶用开水冲泡 5 分钟,即可饮用。竹筒香茶耐贮藏。将制好的竹筒香茶用牛皮纸包好,放在干燥处贮藏,品质常年不变。(图 2-3、图 2-4)

图 2-3　竹筒香茶

图 2-4　竹筒香茶

（四）白族的三道茶

白族散居在我国西南地区，但主要分布在云南省大理白族自治州，这是一个十分好客的民族。白族人家，不论在逢年过节、生辰寿诞、男婚女嫁等喜庆日子里，还是在亲朋好友登门造访之际，主人都会以"一苦二甜三回味"的三道茶款待客人。

三道茶，白语叫"绍道兆"，是白族待客的一种风尚。客人上门，主人一边与客人促膝谈心，一边吩咐家人忙着架火烧水。待水沸开，就由家中或族中最有威望的长辈亲自司茶。具体方法是先将一只较为粗糙的小砂罐置于文火之上烘烤，待罐烤热后，随即取一撮茶叶放入罐内，并不停地转动罐子，使茶叶受热均匀，等罐中茶叶"啪啪"作响、色泽由绿转黄、发出焦香时，随手向罐中注入已经烧沸的开水。少顷，主人就将罐中沸腾的茶水倾注到一种叫"牛眼睛盅"的小茶杯中。小茶杯中茶汤容量不大，是因为"酒满敬人，茶满欺人"。茶汤仅半杯而已，一口即干。由于此茶是经烘烤、煮沸而成的浓汁，因此，看上去色如琥珀，闻起来焦香扑鼻，喝进去滋味苦涩。冲好头道茶后，主人就用双手举茶敬献给客人，客人双手接茶后，通常一饮而尽。此茶虽香，却也味苦，因此谓之"苦茶"。白族称这第一道茶为"清苦之茶"，它寓意着做人的道理——要立业，就要先吃苦。（图 2-5）

图 2-5　三道茶



（五）回族的罐罐茶

回族主要居住在我国的大西北，这里地处高原，气候寒冷，蔬菜供应困难，奶制品是当地的主要食品之一。而茶叶中存在的大量维生素类物质，正好可以补充蔬菜的不足。

罐罐茶通常以中下等炒青绿茶为原料，经加水熬煮而成，所以，煮罐罐茶，又称"熬罐罐茶"。煮罐罐茶的茶具表面粗糙。煮茶用的罐子高不足 10 厘米，口径不到 5 厘米，腹部稍大些，直径也不超过 7 厘米。罐子是用土陶烧制而成。当地人认为用土陶罐煮茶，不走茶味；用金属罐煮茶，会变茶性。与罐子相搭配的是喝茶用的茶杯，是一只形如酒盅大小的粗瓷杯。（图 2-6）

图 2-6　罐罐茶

（六）客家擂茶

擂茶是以茶叶和花生、芝麻、大米，加生姜、胡椒、食盐为原料，放入特制的陶质擂罐内，以硬木擂棍在罐内旋转，擂磨成细粉，然后取出用沸水冲泡，便调成擂茶。擂茶的材料因地、因人而有所增减。擂茶一般的汤色为黄白如象牙色；新鲜绿茶或包种茶占的比例较多时，则成绿黄色，有炒熟食香，滋味适口，风味特别。

擂茶是中国茶文化中一种较古老的吃茶方法，相传三国时代的蜀国大将张飞率军巡阅湖南武陵郡时，军中犯暑疫，地方父老献上“三生饮”，即生米、生茶叶、生姜三样生品捣碎，加盐冲饮，饮后暑病即除，这种“三生饮”被众人口耳相传，演变成后来的“擂茶”，而逐渐扩大到湖南、贵州、江西、福建、广东、广西等地的山区民间，并传到台湾省的客家人。

擂茶在原有的基础上，逐渐发展成社交的习俗，在婚嫁寿诞、亲友聚会、邻里串门、乔迁新居、添丁升官等喜事来临时都请吃擂茶。擂茶虽然是客家人的传统美食，但是在年轻的一代中，很少有人吃过或听说过擂茶。台湾省的客家人大约有 400 万，主要是从广东的嘉应府、惠州府等地及福建闽西一带移居而来。客家人，民风淳朴，热情好客，每当客人到来时，主人首先端出一套擂茶的茶具来，即一个口径约 0.5 米，内壁有辐射状纹理的陶制“擂钵”；二是以油茶树木或山楂木制成长约 0.7 米的“擂棍”；三是以竹片编制成的捞滤碎渣的“捞瓢”。这三样俗称“擂茶三宝”。（图 2-7、图 2-8）

图 2-7　擂茶

图 2-8　擂茶

# 学习子情境2　茶叶基础知识的准备

## 学习目标

认识茶叶的分类；了解各类茶的制作程序；鉴别茶叶的优劣；茶叶的选购与保存；茶叶的主要成分与功效。

## 知识学习

### 一、茶树的基本知识

（一）认识茶树

茶树属山茶科，为多年生常绿木本植物。茶树树龄一般在50～60年。茶树的叶子呈椭圆形，边缘有锯齿，叶间开五瓣白花，果实扁圆，呈三角形，果实开裂后露出种子。春、秋季时可采茶树的嫩叶制茶，种子可以榨油，茶树材质细密，其木可用于雕刻。

（二）茶树的分类

**1. 乔木型茶树**

有明显的主干，分枝部位高，通常树高3～5米。

**2. 灌木型茶树**

没有明显的主干，分枝较密，多近地面处，树冠矮小，通常为1.5～3米。

**3. 半乔木型茶树**

在树高和分枝上都介于灌木型茶树与乔木型茶树之间。

（三）茶树生长的环境与栽培

**1. 气候**

茶树性喜温暖、湿润，在南纬45°与北纬38°间都可以种植，最适宜的生长温度在18～25℃，相对湿度在85%左右。

**2. 日照**

茶树具有耐阴的特性，喜光怕晒。因此，有“高山出好茶”的说法。不同的茶类，所需日照不同，如日照时间长、光度强的茶树可制红茶，日照时间短的茶树可制绿茶。

**3. 土壤**

茶树适宜在土质疏松、土层深厚，排水、透气良好的微酸性土壤中生长。酸碱度pH值在4.5～5.5为最佳。

**4. 栽培**

茶树栽培一般采用扦插育苗法，是无性繁殖方式之一。

## 二、茶的基本加工工艺

不同的加工工艺是形成不同茶叶种类的主要原因。一般我们将刚从茶树上采摘下来的茶叶叫作鲜叶或茶青。茶青需要经过各种加工程序才形成我们现在能用于品饮的干茶。茶叶的基本加工工艺分为萎凋、杀青、揉捻、发酵、干燥等。

（一）萎凋

茶青采下来之后，将它摊放，让它损失一些水分，使茶青不至于太脆，以方便下一步的制作。（图 2-9）

图 2-9 萎凋

（二）杀青

通过高温，破坏鲜叶中酶，抑制多酚类物质氧化，防止红变；同时蒸发部分水分，使鲜叶变软，便于揉捻造型。（图 2-10）

图 2-10 杀青

(三)揉捻

通过外力,使叶片揉卷成条,便于造型;同时部分茶汁挤溢附在叶面,提高茶滋味浓度。(图2-11、图2-12)

图2-11　手工揉捻

图2-12　机械揉捻



(四)发酵

发酵是指经过揉捻的叶的化学成分在有氧的情况下氧化变色,形成茶黄素和茶红素。(图2-13)

图2-13　发酵

(五)干燥

蒸发水分,整理外形,充分发挥茶香;绿茶的干燥工序,一般先经过烘干,然后再进行炒干。

## 三、茶叶的分类

我国茶类的划分目前尚无统一的方法，一般可将其分为基本茶类和再加工茶类两大部分。其中基本茶类又分为绿茶、红茶、黄茶、白茶、青茶和黑茶六大类。再加工茶类又可分为花茶、紧压茶、萃取茶、保健茶等。

（一）基本茶类

1. 绿茶类

中国是世界最大的绿茶生产与出口国，2011 年绿茶生产量达 116 万吨，其中绿茶出口量为 25.7 万吨，约占世界绿茶总产量和世界绿茶总贸易量的 80%，中国绿茶在世界绿茶贸易中占主导地位。（图 2-14）

图 2-14　绿茶



（1）绿茶的加工工艺

绿茶属不发酵茶，它的初制基本工艺是：杀青—揉捻—干燥。

（2）绿茶的品质特征及代表品种

绿茶的基本特征是叶绿汤清，通常要求具有“三绿”特征。“三绿”，即干茶翠绿、汤色碧绿、叶底嫩绿。

绿茶根据杀青方式和最后干燥方式的不同，可分为炒青绿茶、烘青绿茶、蒸青绿茶和晒青绿茶四类。用热锅炒干称为炒青，用烘焙方式进行干燥的称为烘青（图 2-15），利用日光晒干的称为晒青，鲜叶经过高温蒸气杀青的称为蒸青。

图 2-15　烘笼

各种绿茶的代表品种见表 2-1。

表 2-1

| 茶　类 | 细分品种 | | 代表品种 |
|---|---|---|---|
| 绿茶 | 炒青绿茶 | 长炒青 | 外形细长如眉。代表品种有珍眉、秀眉等 |
| | | 圆炒青 | 外形颗粒圆紧。代表品种有平水珠茶等 |
| | | 扁炒青 | 外形扁平。代表品种有龙井茶、旗枪茶、大方茶等 |
| | 烘青绿茶 | | 黄山毛峰、太平猴魁、六安瓜片等 |
| | 蒸青绿茶 | | 滇青、川青等 |
| | 晒青绿茶 | | 恩施玉露、煎茶等 |

2. 红茶类

红茶是世界上产量和贸易量最大的茶类，它滋味极具容纳性，用调饮法可品到不一样的风味。（图 2-16）

图 2-16　红茶

（1）红茶的加工工艺

红茶属全发酵茶，它的初制工艺为：萎凋—揉捻—发酵—干燥。其中，“发酵”是形成红茶品质特征的关键工序。

（2）红茶的品质特征及代表品种

红茶的基本特征是：干茶色泽乌润、汤色红艳、叶底红亮。

红茶根据加工方法的不同，可分为小种红茶、工夫红茶和红碎茶。具体分类见表 2-2。

表 2-2

| 茶　类 | 细分品种 | 代表品种 |
| --- | --- | --- |
| 红茶 | 小种红茶 | 外形粗壮肥实,色泽乌润,香气高长带松烟香。代表品种有正山小种等 |
|  | 工夫红茶 | 外形条索紧直匀齐,色泽乌润,香气浓郁,叶底红艳明亮。代表品种有祁红、滇红等 |
|  | 红碎茶 | 代表品种有滇红碎茶等 |

3. 青茶类

青茶也称乌龙茶,广受福建、广东等地居民的喜爱,长期的品饮让人们创出一套套乌龙茶的品饮程序。(图 2-17)

图 2-17　乌龙茶

(1)乌龙茶的加工工艺

乌龙茶属半发酵茶,它的初制工艺为:萎凋—做青—炒青—揉捻—干燥。其中“做青”是形成青茶“绿叶红镶边”的关键工序。

(2)乌龙茶的品质特征及代表品种

乌龙茶的基本特征是干茶呈深绿色或青褐色,俗称“青蛙皮”,茶汤蜜绿色或蜜黄色,花香果味,从清新的花香、果香到熟果香都有,滋味醇厚回甘,略带微苦亦能回甘,是最能吸引人的茶叶。

乌龙茶根据产地的不同,可分为闽北乌龙、闽南乌龙、广东乌龙和台湾乌龙。具体分类见表 2-3。

表 2-3

| 茶　类 | 细分品种 | 代表品种 |
| --- | --- | --- |
| 青茶（乌龙茶） | 闽北乌龙 | 武夷岩茶、水仙、大红袍、肉桂等 |
| | 闽南乌龙 | 铁观音、奇兰、黄金桂等 |
| | 广东乌龙 | 凤凰单枞、凤凰水仙、岭头单枞等 |
| | 台湾乌龙 | 冻顶乌龙、包种等 |

4. 白茶类

因成品茶的外观呈白色，故名白茶。白茶为福建特产，主要产区在福鼎、政和、松溪、建阳等地。（图 2-18）

图 2-18　白茶

(1) 白茶的加工工艺

白茶属部分发酵茶，它的初制工艺为：萎凋—轻揉—干燥。其中“萎凋”是形成白茶品质特征的关键工序。

(2) 白茶的品质特征及代表品种

白茶具有外形芽毫完整，满身披毫，毫香清鲜，汤色黄绿清澈，滋味清淡回甘的品质特点。

白茶的代表品种有银针白毫、白牡丹、寿眉等。

5. 黄茶类

黄茶是我国的特产，人们从炒青绿茶中发现，由于杀青、揉捻后干燥不足或不及时，叶色即变黄，于是产生了新的品类——黄茶。（图 2-19）

图 2-19　黄茶

(1)黄茶的加工工艺

黄茶属部分发酵茶,它的初制工艺为:杀青—揉捻—闷黄—干燥。其中“闷黄”是形成黄茶“黄汤黄叶”独特品质风格的关键工序。

(2)黄茶的品质特征及代表品种

黄茶的品质特征是黄叶黄汤,香气清悦,滋味甘爽。

黄茶按鲜叶老嫩和芽叶的大小,又分为黄芽茶、黄小茶和黄大茶。具体分类见表2-4。

表 2-4

| 茶　类 | 细分品种 | 代表品种 |
|---|---|---|
| 黄茶 | 黄芽茶 | 黄芽茶原料细嫩,采摘单芽或一芽一叶加工而成。代表品种有君山银针、蒙顶黄芽、霍山黄芽等 |
| | 黄小茶 | 采摘细嫩芽叶加工而成。代表品种有北港毛尖、沩山白毛尖、远安鹿苑、皖西黄小茶、平阳黄汤等 |
| | 黄大茶 | 采摘一芽二、三叶甚至一芽四、五叶为原料制作而成。代表品种有皖西黄大茶、广东大叶青等 |

**6. 黑茶类**

因成品茶的外观呈黑色,故名黑茶。主要产区为四川、云南、湖北、湖南、陕西等地。近几年来,黑茶受到广大茶人的喜爱。(图 2-20)

图 2-20　黑茶

(1)黑茶的加工工艺

黑茶属后发酵茶,它的初制工艺为:杀青—揉捻—渥堆—干燥,其中“渥堆”是形成黑茶品质风格的关键工序。

(2)黑茶的品质特征及代表品种

黑茶的品质特征是色泽黑褐油润,内质汤色橙红,香气醇和不涩,叶底黄褐粗大。

黑茶按地域分布,主要分类为湖南黑茶、四川边茶、滇桂黑茶、湖北老青茶。具体分类见表 2-5。



表 2-5

| 茶　类 | 细分品种 | 代表品种 |
| --- | --- | --- |
| 黑茶 | 湖南黑茶 | 安化黑茶等 |
| | 四川边茶 | 雅安藏茶(黑茶鼻祖)、西路边茶等 |
| | 滇桂黑茶 | 普洱茶、六堡茶等 |
| | 湖北老青茶 | 蒲圻老青茶、咸宁老青茶等 |

(二)再加工茶类

所谓再加工茶类,顾名思义,就是在六大基本茶类的基础上,采用一定的手段进行再次加工而成的茶叶。

**1. 花茶类**

花茶又名“窨花茶”“香片”等。饮之既有茶味,又有花的芬芳,是一种再加工茶叶。(图 2-21)

图 2-21　花茶

(1)花茶的加工工艺

花茶是将有香味的鲜花和新茶一起窨烘而成,茶将香味吸收后再把干花筛除,内地以绿茶窨花多,台湾以青茶窨花多,目前红茶窨花愈来愈多。

(2)花茶的品质特征及代表品种

花茶的品质特征是富有花香,香味浓郁,茶汤色深。

花茶以窨的花种命名,如茉莉花茶、牡丹绣球、桂花乌龙茶、玫瑰红茶等。



2. 紧压茶类

在少数民族地区非常流行。紧压茶有防潮性能好,便于运输和储藏,茶味醇厚,适合减肥等特点。(图 2-22)

图 2-22　紧压茶

(1)紧压茶的加工工艺

紧压茶是以黑茶、绿茶、红茶的毛茶为原料,经过渥堆、蒸、压等典型工艺过程加工而成的砖形或其他形状的茶叶。

(2)紧压茶的品质特征及代表品种

紧压茶的品质特征是叶片粗老,干茶色泽黑褐,汤色橙黄或橙红。

中国目前生产的紧压茶,主要有花砖、普洱方茶、竹筒茶、米砖、沱茶、黑砖、茯砖、青砖、康砖、金尖塔、方包茶、六堡茶、湘尖、紧茶、圆茶和饼茶等。

3. 其他茶类

(1)抹茶和粉茶类

抹茶原产于中国,后来兴盛于日本,它是用天然石磨碾磨成超微粉状的覆盖蒸青绿茶。(图2-23)

图2-23　抹茶



粉茶以不发酵茶为主,也有青茶粉茶、红茶粉茶、花果茶粉茶等,是用茶叶磨成粉末而成。

(2)萃取茶

萃取茶是以成品茶或半成品茶为原料,用热水萃取茶叶中的可溶物,过滤去茶渣取得的茶汁,有的经浓缩、干燥,制备成固态或液态茶,统称为萃取茶。萃取茶主要有罐装饮料茶、浓缩茶、速溶茶以及茶膏。

(3)代用茶

代用茶也称花草茶,是指选用可食用植物的叶、花、果(实)、根茎等,采用类似茶叶的饮用方式(通过泡煮等方式来饮用)的一类产品。如杜仲茶、冬瓜茶、绞股蓝茶、菊花茶等。

(4)保健茶

保健茶以茶为主,配有适量中药,既有茶叶,又有轻微药味,并有保健治疗作用的饮料。它是以绿茶、红花或乌龙茶、花草茶为主要原料,配以确有疗效的单味或复方中药制成。

## 四、茶叶的评审

茶叶的评审可从两个方面来进行:外形和内质。

(一)外形

1. 嫩度

如条索紧结重实、有锋苗、色泽油润,则嫩度高;反之,嫩度低。嫩度越高,茶叶品质越好。

2. 条索

如原料嫩度高、制工好,则条索紧结,上、中、下段茶匀称;反之,条索弯曲、松飘、断碎。

3. 净度

指茶叶梗、片、末及非茶类夹杂物含量多少。高档茶净度高,低档茶净度低。

4. 色泽

高档茶色泽调匀一致,鲜活油润;低档茶色枯杂。

(二)内质

1. 香气

辨别香气高低、持久性、香型、有无异味等。香气高、持久且无异味的茶叶品质较好。采用热嗅、温嗅和冷嗅三步进行,热嗅区别香气高低及特殊香味;温嗅区别香型,如高级绿茶的嫩香、清香、花香等;冷嗅辨别香气的持久性。

2. 汤色

主要辨别茶汤色泽类型、深浅、明暗、清浊。绿茶以碧绿、嫩绿明亮为好。

3. 滋味

主要辨别滋味浓淡、强弱、甘苦、醇涩等方面。应特别注意辨别浓与苦味。浓是指茶汤入口,味浓醇,而茶汤过喉则回味甜鲜;苦指茶汤入口苦,回味也苦或更苦。

4. 叶底

看叶底色泽、匀度、嫩度三个方面。芽尖及组织细密而柔软的叶片愈多,表示茶叶嫩度愈高。叶质粗糙而硬薄则表示茶叶粗老。

## 学习子情境3 名茶知识的准备

### 学习目标

掌握我国名茶的名称;了解我国名茶的品质特征。

## 知识学习

### 一、认识名茶

名茶是指具有一定知名度的好茶,通常具有独特的外形,优异的色、香、味品质。名山、名寺出名茶;各种名树生名茶;名师、名技评名茶。

### 二、名茶的特点

一是造型有独特风格;二是深受消费者青睐与赞赏;三是采制加工技术精,多为手工制作;四是茶树生长有优越的自然条件,产区有一定范围;五是采摘有一定时间,例如云南一般在2月份,福建在2月底,浙江在3月中旬。

### 三、我国的主要名茶

目前国内消费者公认的知名度较高的名茶是在经历了唐宋元明清五个朝代和近千年的发展,不断地完善后保留下来的。它们是:绿茶类的西湖龙井、洞庭碧螺春、信阳毛尖、皖南屯绿、太平猴魁、黄山毛峰;红茶类的滇红、祁门红茶;青茶(乌龙茶)类的安溪铁观音;黄茶类的君山银针;黑茶类的云南普洱茶等。其他名茶尚有:绿茶类庐山云雾、六安瓜片,乌龙茶类的闽北乌龙茶、武夷岩茶,白茶类的政和白毫银针、白牡丹等。



20世纪80年代以后,我国各地陆续开发研制了不少新的名优茶,如无锡毫茶、高桥银峰、南京雨花茶、福鼎白毫银针、云南沱茶等。目前我国已有17种无公害名茶,全国各地名茶开发总数达500多种,产量占全国茶叶总产量的5%(3万多吨),产值达8亿多元,占全国茶叶总产值的20%。

(一)西湖龙井

西湖龙井茶是我国第一名茶,素享“色绿、香郁、味醇、形美”四绝之美誉。它集中产于杭州西湖山区的狮峰山、梅家坞、翁家山、云栖、虎跑、灵隐等地。这里森林茂密,翠竹婆娑,气候温和,雨量充沛,沙质土壤深厚,一片片茶园就处在这云雾缭绕、浓荫笼罩之中。

浙江省地方标准DB33/162—92《西湖龙井》,规定了西湖龙井分“狮、梅、龙”三类,每类中依品质高低有特级、上级、1~6级。3级以上外形应有锋苗,无阔条。1级以上外形应挺直尖削、叶底细嫩、多芽或显芽。特级西湖龙井外形应扁平光滑,叶底幼嫩成朵。“狮峰龙井”香气高锐而持久,滋味鲜醇,色泽略黄,素称“糙米色”。据传乾隆皇帝下江南时,曾到狮峰山下胡公庙品饮龙井茶,饮后赞不绝口,兴之所至,将庙前18棵茶树封为“御茶”。如今,这些“御茶”树仍生机盎然,茂密挺拔,供游人观赏。在1985年,“狮特龙井茶”获国家优质产品金质奖。“梅坞龙井”外形挺秀,扁平光滑,色泽翠绿。1986年5月,“西湖龙井”被国家商业部评为全国名茶。

西湖龙井的采制技术相当考究,有三大特点:一是早,二是嫩,三是勤。清明前采制的龙井茶品质最佳,称明前茶。谷雨前采制的品质尚好,称雨前茶。采摘十分强调细嫩和完整,必须是一芽一叶,芽叶全长约1.5厘米。通常制造1千克特级西湖龙井茶,需要采摘7万～8万个细嫩芽叶，经过挑选后，放入温度在80～100 ℃光滑的特制锅中翻炒，通过"抓、抖、搭、拓、捺、甩、推、扣、压、磨"炒制出色泽翠绿、外形扁平光滑、形如"碗钉"、汤色碧绿、滋味甘醇鲜爽的高品质西湖龙井茶。

品尝高级龙井茶时，多用无色透明的玻璃杯，用85 ℃左右的开水进行冲泡，1分钟后揭开茶杯盖，以免产生焖熟味。冲泡后叶芽形如一旗一枪，簇立杯中，交错相映，芽叶直立，往下沉浮，栩栩如生，宛如青兰初绽，翠竹色艳。品饮欣赏，齿颊留芳，沁人肺腑，非下功夫不能领略其香。

（二）洞庭碧螺春

碧螺春是绿茶中的佼佼者。有古诗赞曰："洞庭碧螺春，茶香百里醉。"它主要产于苏州西南的太湖之滨，以江苏吴县洞庭东、西山所产为最，已有300余年历史。它以条索纤细、卷曲成螺、茸毛披露、白毫隐翠、清香幽雅、浓郁甘醇、鲜爽甜润、回味绵长的独特风格而誉满中外。据《太湖备考》记载：1 300年前，洞庭碧螺峰石壁间，有茶树数株，当地人常饮用此叶。有一天采茶姑娘把茶叶兜入怀中带回，茶叶沾了热气，透出阵阵浓香，人们闻到，便惊呼"吓煞人香"，于是"吓煞人香"便成了这茶的名字。清康熙帝南巡时经过太湖，抚臣宋荦以此茶进献，康熙以其名不雅，遂更名为"碧螺春"。从此，"碧螺春"被列为朝廷贡品。

碧螺春之所以有如此雅名，与它的产地和采制工艺分不开。苏州太湖洞庭山，分东、西两山，洞庭东山宛如一只巨舟伸进太湖的半岛，洞庭西山是一个屹立于湖中的岛屿，两山风景优美，气候温和湿润，土壤肥沃。茶树又间种在枇杷、杨梅、柑橘等果树之中，茶叶既具有茶的特色，又具有花果的天然香味。碧螺春的采制工艺要求极高，采摘时间从清明开始，到谷雨结束。所采之芽叶须是一芽一叶初展，芽长1.6～2厘米。制1千克干茶，要这样的芽叶12万多个。采摘的芽叶经过一番精细的拣选，达到长短一致、大小均匀，除去杂质，然后投入烧至150 ℃的锅中，凭两手不停地翻抖上抛（杀青），直至锅中噼啪有声；接着降温热揉，使其条索紧密，卷曲成形，并搓团显毫，使其干燥，制成条索纤细、卷曲成螺的茶叶。1982年6月，苏州洞庭碧螺春被全国名茶评比会评为全国名茶。1986年5月，吴县碧螺春被评为全国名茶。碧螺春分为7级，芽叶随1～7级逐渐增大，茸毛逐渐减少。

碧螺春茶冲泡时，先在杯中倒放开水，再放入茶叶，或用70～80 ℃开水冲泡。当披毫青翠的碧螺春一投入水中，白色霜毫立即溶失，随后茶叶纷纷下沉，并由曲而伸展，仿佛绽苞吐翠，春染叶绿。稍停，杯底出现一层碧清茶色，但上层仍是白水，淡而无味。如果倒去一半，再冲入开水，芽叶全部舒展，全杯汤色似碧玉，闻之清香扑鼻。饮之舌根含香，回味无穷，顿使人神清气爽。

（三）信阳毛尖

信阳毛尖产于河南省大别山区的信阳县，已有2 000多年的历史。茶园主要分布在车云山、集云山、云雾山、震雷山、黑龙潭等群山的峡谷之间。这里地势高峻，群峦叠嶂，溪流纵横，云雾弥漫，还有豫南第一泉"黑龙潭"和"白龙潭"，景色奇丽。正是这里的独特地形和气候，以及缕缕云雾，滋生孕育了肥壮柔嫩的茶芽，为信阳毛尖独特的风格提供了天然条件。

信阳毛尖一般自4月中下旬开采，以一芽一叶或一芽二叶初展为特级和1级毛尖；一芽二三叶制2~3级毛尖。采摘好的鲜叶经适当摊放后进行炒制。先生炒，经杀青、揉捻，再熟炒，使茶叶达到外形细、圆紧、直、光、多白毫，内质清香，汤绿叶浓。

信阳毛尖曾荣获1915年万国博览会名茶优质奖。1959年被列为我国十大名茶之一，1982年被评为国家商业部优质产品，不仅在国内20多个省区有广泛的市场，而且还远销日本、德国、美国、新加坡、马来西亚等十余个国家，深得中外茶友称道。

(四)皖南屯绿

徽州第一山城屯溪，古称昱城，为皖南的繁华重镇。皖南山区所产绿茶大都在此加工和交易，人们称这些茶为青绿茶，简称"屯绿"。其中尤以休宁、歙县的"屯绿"出名，属优质炒青眉茶。"屯绿"依其品种和品质不同，有特1级、特2级、1~4级、不列级品。

屯绿采制精细，鲜叶多为一芽二叶或三叶嫩梢，初制除揉捻工序外，全部在锅中炒制而成。屯绿外形匀整，条索紧结，色泽灰绿光润，香高馥郁，味浓醇和，汤色清澈明亮，是我国炒青绿茶中出类拔萃的品种，是出口绿茶的骨干。

屯绿中色、香、味、形具臻上乘的极品特珍特级，条索紧细秀长，芽峰显露，稍弯如眉，色泽绿润起霜，香气鲜嫩馥郁，带熟板栗香，滋味鲜浓爽口，汤色黄绿明亮，叶底肥嫩匀亮。产量只占屯绿的0.5%，极其珍贵。品尝后有"入口浓醇，过喉鲜爽，口留余香，回味甘甜"之感。



屯绿花色品种的变化很大。从1895年以前的24个花色演变到1930年的5个花色。20世纪30年代至新中国成立初，盛行9个花色：抽珍、珍眉、特贡、贡熙、特针、针眉、凤眉、是目、峨眉。新中国成立后，花色品种曾两度简化统一，时至今日，生产特珍、珍眉、雨茶、特贡、贡熙、针眉、秀眉、绿片8个花色，18个不同级别的外销绿茶。

由于屯绿品质优异，新中国成立后曾多次在国内外的评比中获奖。1979年，特珍一级、珍眉三级和特珍三级被评为商业部优质产品；1981年，特珍一级获国家银质奖；1985年，特珍特级、特珍一级和珍眉一级获国家银质奖，同年上述三个品种和贡熙一级被评为商业部优质产品；1988年，特珍特级、特珍一级获雅典第27届世界食品评选会银质奖和首届中国食品博览会金质奖；1989年，特珍一级获商业部优质产品奖；1990年，特珍特级、特珍二级被评为国优产品，分列出口茶类第一名和第二名。

(五)太平猴魁

太平猴魁堪称"刀枪云集""龙飞凤舞"，外形两叶抱一芽，平扁挺直，不散、不翘、不曲；全身披白毫，含而不露。叶面的色泽苍绿匀润，叶背浅绿，叶脉绿中藏红。入杯冲泡，芽叶成朵，不沉不浮，悬在明澈嫩绿的茶汁之中，似乎有好些小猴子在杯中伸头缩尾。猴魁茶汁清绿明亮，滋味鲜醇回甜。20世纪60年代初，越南的胡志明到徽州避暑，临走时带回去一包太平猴魁。

猴魁始产于1900年间，当初因茶农精植巧制，塑造成独有的形状，在国内获得优等奖。1915年，在巴拿马万国博览会上获一等金质奖章和奖状。20世纪30年代，远涉南美洲，进玻利维亚等国展销。1979年，猴魁在我国出口商品交易会上展出，博得五大洲客商的好评，被评为全国名茶。

猴魁产于我国著名风景区黄山的北麓，太平县新明乡三合村猴坑一带的猴村、猴岗、颜家等地。茶树大多生长在海拔500～700米以上的山岭上，主要分布在凤凰尖、狮形山和鸡公尖一带，由于三峰鼎足，崇山峻岭，林壑幽深，地势险要，故传有猴子采茶之说。这里低温多湿，土质肥沃深厚。山上，常年云雾缭绕，夏日夜晚凉爽，晨起云海一片，浓雾蒙蒙。山下，太平湖蜿蜒。幽谷中，山高林密，鸟语花香。

猴魁的采制时间一般是在谷雨到立夏间，茶叶长出一芽三四叶时开园。采摘时有"四拣"：拣山、拣棵、拣枝和拣尖。分批采摘，精细挑选，取其枝头嫩芽，弃其大叶，严格剔除虫蛀叶，保证鲜叶原料全部达到一芽二叶的标准，大小一致，均匀美观。制作时工艺精巧，杀青是用手炒锅，炭火烘烤，火温在100 ℃以上；每杀青一次，仅投鲜叶100～150克在锅内连炒三五分钟，制作的全过程达四五个小时。猴魁的包装也很考究，需趁热时装入锡罐或白铁筒内，待茶稍冷后，以锡焊口封盖，使远销国外和调运到全国各地的猴魁久不变质。

猴魁为极品茶，依其品质高低又有1～3等或称上、中、下魁。

（六）祁门工夫红茶



祁门工夫红茶是我国传统工夫红茶的珍品。主要产于安徽省祁门县，与其毗邻的石台、至东、黟县及贵池等县也有少量生产。这些地区土壤肥沃，腐殖质含量高，早晚温差大，常有云雾缭绕，且日照时间较短，构成了茶树生长的天然佳境，也酿成祁红特殊的芳香味。

祁门红茶品质超群，被誉为"群芳最"。它以条索紧秀，锋苗好，色有"宝光"和香气浓郁著称于世。英国人喜爱祁红，皇家贵族把它当作时髦饮品，称它为"茶中英豪"。日本消费者也爱饮用祁门红茶，称其香气为"玫瑰香"。据历史记载，清光绪前，祁门生产绿茶，品质好，称为"安绿"。光绪元年（公元1875年），黟县人余干臣从福建罢官回原籍经商，在至德县（今至东县）设立茶庄，仿照"闽红"制法试制红茶，一举成功。由于茶价高、销路好，人们纷纷相应改制，逐渐形成"祁门红茶"，与当时国内著名的"闽红""宁红"齐名。"祁红"曾获1915年巴拿马万国博览会金质奖。品质优异的祁门红茶，采制工艺十分精湛。高档茶以一芽二叶为主，一般均系一芽三叶及相应嫩度的对夹叶。将采摘好的鲜叶经过16道工序的加工，制成外形整齐美观、内质纯净统一的高品质祁门红茶。

（七）铁观音

铁观音茶树产于福建安溪县西部的内安溪，这里群山环抱，峰峦绵延，年平均温度为15～18 ℃，有"四季有花常见雨，一冬无雪却闻雷"之谚。铁观音茶的历史有200余年。

铁观音茶是乌龙茶中的珍品，它制作严谨、技艺精巧。一年分四季采制，谷雨至立夏为春茶；夏至至小暑为夏茶；立秋至处暑为暑茶；秋分至寒露为秋茶。制茶品质以春茶为最好，其条索卷曲、壮结、沉重，呈青蒂绿腹蜻蜓头状。色泽鲜润，砂绿显，红点明，叶表带白霜，汤色金黄，浓艳清澈，叶底肥厚明亮，具绸面光泽。泡饮茶汤醇厚甘鲜，入口甘带蜜味；香气馥郁持久，有“绿叶红镶边，七泡有余香”之誉。

铁观音的品饮仍沿袭传统工夫茶的品饮方式。选用陶制小壶、白瓷小盅，先用温水烫热，然后在壶中装入相当于1/2～2/3壶容量的茶叶，冲以沸水，此时即有一股香气扑鼻而来，正是“未尝甘露味，先闻圣妙香”。1～2分钟后将茶汤倾入小盅内，先嗅其香，继尝其味，浅斟细啜，实乃一种生活艺术之享受。

铁观音茶一向为福建、广东、台湾茶客及海外侨胞所珍爱。此茶一经品尝，辄难释手。20世纪50年代以来，铁观音茶逐渐为华北人民所喜爱，现在则美名遍及全国各地，消费量不断增长。在日本，铁观音几乎已成为乌龙茶的代名词。

根据福建省地方标准FDBTNY32. 18《乌龙茶成品茶》之规定，闽南乌龙铁观音按其感官品质高低分为特级和1～4级。

(八)云南普洱茶

普洱茶是中国名茶一秀，素以独特的风味和优异的品质享誉海内外。它属黑茶类，即后发酵茶，是我国特有的茶类。

据南宋《续博物志》记载：“西蕃之用普茶，已自唐朝。”西蕃，指居住康藏地区的兄弟民族；普茶，即普洱茶。可见至少在唐代普洱茶已问世。普洱茶的得名源于普洱县，普洱县是滇南重镇，周围各地所产茶叶运至普洱府(即普洱县)加工，再运销康藏各地，遂得名。现云南西双版纳、思茅等地仍盛产普洱茶。



普洱茶选用优良的云南大叶种，采摘其鲜叶，经过杀青后揉捻晒干制成晒青茶，然后泼水堆积发酵(渥堆)。经过这种特殊工艺制成的普洱茶品质别具一格，外形条索粗壮肥大。色泽乌润或褐红，汤色红黄，香气馥郁，滋味醇厚回甜，具有独特的清香。饮后令人口齿生香，回味无穷，而且茶性温和，有较好的药理作用。

普洱茶有散茶和紧压茶两种，散茶外形条索粗壮、重实，色泽褐红；紧压茶由散茶蒸压而成，外形端小匀整，松紧适度。近年来。普洱茶不仅深受港澳地区和东南亚国家消费者的欢迎，而且远销日本、西欧，成为越来越多的人喜爱的保健饮料，在日本、法国、德国、意大利等地被称为“美容茶”“益寿茶”“减肥茶”等。尤其是小包装普洱茶，采用编织精美、镶嵌彩色大理石的竹盒，古朴大方，具有浓厚的民族风格，既可取名茶品尝，又可留下包装作为工艺品观赏。

(九)君山银针

“洞庭帝子春长恨，二千年来草更香”，这是对君山银针的赞美之诗。它产于烟波浩淼的洞庭湖中的青螺岛，岛上土壤肥沃，竹木丛生，春夏季湖水蒸发，云雾弥漫，正是这“遥望洞庭山水翠，白银盘里一青螺”的君山小岛孕育了这名茶银针。

君山银针属黄茶种类，为轻发酵茶。基本工艺近似绿茶制作，但在制茶过程中加以焖黄，具有黄汤黄叶的特点。君山银针在清明前3天左右开始采摘，直接从茶树上拣采芽头，芽头长25～30毫米，宽3～4毫米，芽蒂长约2毫米，肥硕重实，一芽头包含三四个已分化却未展开的叶片。雨天不采,露水芽不采,紫色芽不采,空心芽不采,开口芽不采,冻伤芽不采,虫伤芽不采,瘦弱芽不采,过长过短芽不采,这是君山银针的“九不采”原则。采摘好的鲜叶经杀青、摊晾、焖黄等8道工序,历时3天,长达70多个小时之后,制成品质超群的君山银针茶。每千克君山银针约5万个芽头。

君山银针属芽茶,其芽头肥壮,紧实挺直,芽身金黄,满披银毫,汤色橙黄明净,香气清纯,滋味甜爽,叶底嫩黄匀亮。根据芽头肥壮程度,君山银针分特号、一号、二号三个档次。如用洁净透明的玻璃杯冲泡君山银针,可以看到初始芽尖朝上、蒂头下垂而悬浮于水面,随后缓缓降落,竖立于杯底,忽升忽降,蔚成趣观,最多可达三次,有“三起三落”之称。最后竖沉于杯底,如刀枪林立,似群笋破土,芽光水色,浑然一体,堆绿叠翠,妙趣横生;且不说品尝香味以饱口福,只消亲眼观赏一番,也足以引人入胜,神清气爽。在1956年国际莱比锡博览会上,君山银针被誉为“金镶玉”,并赢得金质奖章。

(十)黄山毛峰

据《徽州府志》记载:“黄山产茶始于宋之嘉祐,兴于明之隆庆。”由此可知,黄山茶历史悠久,在明朝就很有名了。

黄山毛峰是清代光绪年间谢裕泰茶庄所创制。该茶庄创始人谢静和,安徽歙县人,以茶为业,不仅经营茶庄,而且精通茶叶采制技术。1875年后,为迎合市场需求,每年清明时节,在黄山汤口、充川等地,登高山名园,采肥嫩芽尖,精心焙炒,标名“黄山毛峰”,远销东北、华北一带。

黄山为我国东部的最高山峰,素以苍劲多姿之奇松、嶙峋奇妙之怪石、变幻莫测之云海、色清甘美之温泉闻名于世。明代徐霞客给予黄山很高评价,“五岳归来不看山,黄山归来不看岳”,把黄山推为我国名山之首。黄山风景区内海拔700~800米的桃花峰、紫云峰、云谷寺、松谷庵、吊桥庵、慈光阁一带为特级黄山毛峰主产地。风景区外围的汤口、岗村、杨村、芳村也是黄山毛峰的重要产区,历史上曾称之为黄山“四大名家”。现在黄山毛峰的生产已扩展到黄山山脉南北麓的黄山市徽州区、黄山区、歙县、黟县等地。这里山高谷深,峰峦叠嶂,溪涧遍布,森林茂密,气候温和,雨量充沛,年平均温度15~16℃,年平均降水量1 800~2 000厘米。土壤属山地黄壤,土层深厚,质地疏松,透水性好,含有丰富的有机质和磷钾肥,适宜茶树生长。优越的生态环境,为黄山毛峰自然品质风格的形成创造了极其良好的条件。

黄山毛峰分特级、1~3级。特级黄山毛峰又分上、中、下三等,1~3级各分两等。

特级黄山毛峰堪称我国毛峰之极品,其形似雀舌,匀齐壮实,峰显毫露,色如象牙,鱼叶金黄;内质清香高长,汤色清澈,滋味鲜浓、醇厚、甘甜;叶底嫩黄,肥壮成朵。其中“黄片”和“象牙色”是特级黄山毛峰外形与其他毛峰相比而具有的明显特征。黄山不仅盛产名茶,而且多有名泉。“黄山旧名黟山,东峰下有朱砂汤泉可点茗,泉色微红,此自然之丹液也。”(《图经》)名山,名茶,名泉,相得益彰。用黄山泉水冲泡黄山茶,茶汤经过一夜,第二天茶碗也不会留下茶痕。

（十一）滇红工夫茶

滇红工夫茶属大叶类型的工夫茶，是我国工夫茶中的奇葩，它以外形肥硕紧实、金毫显露和香高味浓的品质而独树一帜。

云南是世界茶叶的原产地，是茶叶之路的起始点，然而云南红茶生产仅有约60年的历史。1938年底，云南中国茶叶股份公司成立，派人分别到顺宁（今凤庆）和佛海（今勐海）两地试制红茶，首批约2 500千克，通过香港富华公司转销伦敦，赢得客户欢迎。据说，英国女王对此茶非常喜欢，将其置于玻璃器皿之中，作观赏之物。后因战事连绵，滇红工夫茶窒息于襁褓之中。直到20世纪50年代后，滇红工夫茶才得以发展和迎来第二次崛起，成为举世欢迎的工夫红茶。“滇红”产于云南省南部的临沧，那里溪流交织，雨量充沛，土壤肥沃，腐殖质丰富，被科学家称为“生物优生带”。

“滇红”因采制季节不同，其品质有所变化，春茶比夏茶、秋茶好。春茶条索肥硕，身骨重实，净底嫩匀。夏茶正值雨季，虽芽毫显露，但净度较低，叶底稍显硬、杂。秋茶正处于干凉季节，茶身骨轻、净度低，嫩度不及春茶、夏茶。选用嫩度适宜的、内含多酚类物质比其他茶树丰富的云南大叶种茶树鲜叶做原料，经过加工产生较多的茶黄素、茶红素，加之咖啡碱、水浸出物等物质含量较高，制成的红茶汤色红艳，品质上乘。

“滇红”茸毫显露为其品质特点之一。其毫色可分淡黄、橘黄、金黄等类。滇红外形条索紧结，肥硕雄壮，干茶色泽乌润，金毫特显；内质汤色艳亮，香气鲜郁高长，滋味浓厚鲜爽，富有刺激性；叶底红匀嫩亮。“滇红”香气以滇西茶区的云县、凤庆、昌宁为好，尤其是云县部分地区产的工夫茶，香气高长，且带有花香。滇南茶区工夫茶滋味浓厚，刺激性较强；滇西茶区工夫茶滋味醇厚，刺激性稍弱，但回味鲜爽。滇红工夫茶依其品质不同分为1～7级。



（十二）六安瓜片

六安瓜片历史悠久，早在唐代，书中就有记载。茶叶称为“瓜片”，是因其叶状好像颇大的瓜子。色泽翠绿、香气清高、味道甘鲜的六安瓜片，历来被人们当作礼茶，用来款待贵客嘉宾。明代以前，六安瓜片就是供宫廷饮用的贡茶。据《六安州志》载：“天下产茶州县数十，惟六安茶为宫廷常进之品。”

六安瓜片的产地主要在金寨、六安、霍山三县，以金寨的齐云瓜片为最佳，齐云山蝙蝠洞所产的茶叶品质为最优，用开水沏后，雾气蒸腾，清香四溢。在炎夏，品尝六安瓜片的人会有这种感觉：喝上一杯，心清目明，七窍通顺，精神为之一爽。因为这种茶叶具有一定的医用价值，明朝闻龙在《茶笺》里称其为“六安精品，入药最效”。

六安瓜片采摘标准以对夹二三叶和一芽二三叶为主，经生锅、熟锅、毛火、小火、老火5道工序制成形似瓜子形的单片，自然平展，叶缘微翘，大小均匀，不含芽尖、芽梗，色泽绿中带霜（宝绿）。六安瓜片中的各种齐山瓜片分为1～3级。

（十三）云南沱茶

云南沱茶1989年获全国名茶称号，又是具有独特风格的传统名茶。云南下关沱茶具有色泽乌润、汤色清澈、馥郁清香、醇爽回甜的特点，主销国内各地。另一种是采用普洱散茶做原料，制成的沱茶色泽褐红，汤色红亮，性温味甘，滋味醇厚，主要供应出口，远销欧洲、北美。外形紧结端正，冲泡后色、香、味俱佳，且能持久，耐人回味，则是两种规格沱茶之共同点。由于受人欢迎，云南沱茶销路日广。法国巴黎医学家给20位血脂过高的病人每天喝3碗普洱沱茶，观察1个月后，发现患者的血脂下降了22%，疗效明显。目前，沱茶，尤其是普洱沱茶在国外开始成为一种有益身体的保健饮料，引起各界人士的重视和浓厚兴趣。

沱茶的加工工艺一般有称茶、蒸茶、压制、定型、干燥、包装等工序。其重量规格分100克、250克、500克。下关沱茶100克一只，分盖茶与底茶，盖茶占25%，其余为底茶。

（十四）平邑金银花茶

金银花茶是国内首创的保健茶新品种，它是用金银花的花蕾配以绿茶，按照茶叶加工制作工艺而制成。金银花茶干茶呈栗褐色，冲泡后香气清雅，滋味甘醇，汤色黄亮悦目。它既保持了金银花固有的外形和内涵，又具有一般茶类的通性。金银花，又名双花、二宝花、忍冬花，我国是金银花的原产地之一。

金银花是国家确定的名贵中药材之一。历代医学巨著均把其列为上品，《名医别录》记述了它有治疗“暑热身肿”的功能，李时珍的《本草纲目》称它可以“久服轻身，延年益寿”。相传，当年乾隆皇帝下江南，途经山东平邑，登蒙山至“孔子登临处”时，中暑晕倒、昏迷不醒，随行御医慌作一团，用珍奇名药，皆无济于事。当地一位郎中闻讯，仅用数枚金银花煎茶，乾隆皇帝服后暑疾顿消。从此，金银花茶被列为贡品。现代研究证明，金银花的主要成分为具有抗菌消炎作用的绿原酸。金银花中还含有肌醇、皂甙、挥发油、黄酮类等多种营养保健成分。

为了充分发挥金银花神奇的保健功效，山东兰陵集团与中国南京野生植物研究所共同研制成功了金银花茶。金银花茶闻之气味芬芳，饮之心清肺爽，且能防暑降温，明目增智，常饮可延年益寿。曾在原商业部组织的鉴定会上获得专家好评：“金银花茶饮用安全，无毒副作用；具有清热解暑，促进生长，延缓衰老，降脂减肥，清除体内有毒物质等多种保健功能；是夏季防暑、婴儿和中老年人保健、高温作业及重污染岗位职工劳动卫生保护等领域内的有益茶品。”

兰陵“九间棚”牌金银花茶的加工工艺独特，需经严格地挑选、浸渍、烘烤和对绿茶的窨制（3次及以上）等工序，窨花比例为花7茶3。成品金银花茶中的金银花外形保持金银花蕾原有的形体和色泽，冲泡后花蕾在茶汤中漂游浮动。金银花茶的汤色黄亮，饮之有特殊的清香淡雅感。平邑金银花茶区别于其他保健茶的重要特点，一是无中药味，兼有茶之品味和花之清香；二是金银花采摘工艺讲究，只选用含苞待开花蕾，不采摘展开之花。金银花依其茶坯品质和窨制工艺不同分为特级、1级、2级、3级。金银花茶一上市，立即受到消费者的好评，产量一增再增，仍然供不应求。尤其是东南亚国家，把金银花茶视为珍宝；日本人还把金银花茶作为礼品馈赠亲朋好友，象征吉祥。美国、日本、罗马尼亚、澳大利亚等国客商也曾到平邑县考察金银花。香港永宝代理有限公司看到了开发金银花茶产品的前景，与山东兰陵集团兴建了"平邑兰陵金银花保健饮料有限公司"，开发经营金银花茶、金银花珍、金银花袋泡茶、罐装茶等系列产品。

## 实训活动

### 实训活动一

活动名称：茶类的区分。

活动目的：让学生能够对茶品进行识别分类。

活动过程：教师展示15种茶，并对其进行编号；学生分组识别茶类。

活动评价：请将结果填到表内。

活动时间：　　　　　　　　　　　　　　　　活动小组：

| 属于绿茶的茶品编号： |
|---|
| 属于红茶的茶品编号： |
| 属于青茶的茶品编号： |
| 属于白茶的茶品编号： |
| 属于黄茶的茶品编号： |
| 属于黑茶的茶品编号： |
| 属于再加工茶的茶品编号： |
| 你是通过哪些方面进行区别的？ |



### 实训活动二

活动名称：我国名茶的辨析。

活动目的：让学生能够对我国名茶进行辨析。

活动过程：教师展示出五种我国名茶，并对其进行编号；学生分组识别茶样。

活动评价：请将结果填到表内。

活动时间：　　　　　　　　　　　　　　　　活动小组：

| 编　号 | 茶品名称 | 所属茶类 | 产　地 | 品质特征 |
|---|---|---|---|---|
| 1 | | | | |
| 2 | | | | |
| 3 | | | | |

续表

| 编　号 | 茶品名称 | 所属茶类 | 产　地 | 品质特征 |
| --- | --- | --- | --- | --- |
| 4 | | | | |
| 5 | | | | |

## 知识拓展

### 茶叶的储存方法

一、铁罐的储存法

储存前，检查罐身与罐盖是否密闭，不能漏气。储存时，将干燥的茶叶装罐，罐要装实装严。这种方法使用方便，但不宜长期储存。

二、热水瓶的储存法

选用保暖性良好的热水瓶作盛具。将干燥的茶叶装入瓶内，装实装足，尽量减少空气存留量，瓶口用软木塞盖紧，塞缘涂白蜡封口，再裹以胶布。由于瓶内空气少，温度稳定，这种方法保持效果也较好，且简便易行。

三、陶瓷坛储存法

选用干燥无异味，密闭的陶瓷坛一个，用牛皮纸把茶叶包好，分置于坛的四周，中间嵌放石灰袋一只，上面再放茶叶包，装满坛后，用棉花包紧。石灰隔 1～2 个月更换一次。这种方法利用生石灰的吸湿性能，使茶叶不受潮，效果较好，能在较长时间内保持茶叶品质，特别是龙井、大红袍等一些名贵茶叶，采用此法尤为适宜。

四、食品袋储存法

先用洁净无异味白纸包好茶叶，再包上一张牛皮纸，然后装入一只无孔隙的塑料食品袋内，轻轻挤压，将袋内空气挤出，随即用细软绳子扎紧袋口，取一只塑料食品袋，反套在第一只袋外面，同样轻轻挤压，将袋内空气挤压后，再用绳子扎紧口袋，最后把它放进干燥无味的密闭的铁桶内。

五、低温储存法

将茶叶储存的环境保持在 5 ℃以下，也就是使用冷藏库或冷冻库保存茶叶，使用此法应注意：储存期 6 个月以内者，冷藏温度以维持 0～5 ℃最经济有效；储存期超过半年者，以冷冻（-18～-10 ℃）较佳。储存以专用冷藏（冷冻）库最好，如必须与其他食物共冷藏（冻），则茶叶应妥善包装，完全密封以免吸附异味。冷藏（冷冻）库内之空气循环良好，已达冷却效果，一次购买多量茶叶时，应先予小包（罐）分装，再放入冷藏（冷冻）库中，每次取出所需冲泡量，不宜将同一包茶反复冷冻、解冻。由冷藏（冷冻）库内取出茶叶时，应先让茶罐内茶叶温度回升至与室温相近，才可取出茶叶，否则打开茶罐，茶叶容易凝结水气增加含水量，使未泡完之茶叶加速劣变。

六、木炭密封的储存法

利用木炭极能吸潮的特性来储存茶叶。先将木炭烧燃，立即用火盆或铁锅覆盖，使其熄灭，待凉冷后用干净布将木炭包裹起来，放于盛茶叶的瓦缸中间。缸内木炭要根据防潮情况，及时更换。

# 学习情境2
# 备　具

## 学习目标

认识茶具的种类；掌握茶具的用途。

## 知识学习

### 一、认识茶具



茶具，又称茶器、茶器具，泛指完成泡茶、饮茶全过程所需设备、器具、用品及茶艺馆用品。狭义而言，仅指泡茶和饮茶的用具。

茶具是由开始的茶碗，而逐渐出现了茶杯、茶壶和茶盘等成套器具。

### 二、茶具的分类

(一)按质地来分类

1. 陶土茶具

陶土茶具中的佼佼者首推宜兴紫砂茶具，早在北宋初期就已崛起，成为别树一帜的茶具，大为流行。紫砂壶和一般的陶器不同，其里外都不敷釉，采用当地的紫泥、红泥焙烧而成。(图2-24)

图2-24　陶土茶具

### 2. 瓷器茶具

瓷器的发明和使用稍迟于陶器，有青瓷茶具、白瓷茶具、黑瓷茶具等。

(1)青瓷茶具

早在东汉年间，已开始生产色泽纯正、透明发光的青瓷。

宋代，作为当时五大名窑之一的浙江龙泉哥窑生产的青瓷茶具，就已达到鼎盛，远销各地。明代，青瓷茶具更以其质地细腻、造型端庄、釉色青莹、纹样雅丽而蜚声中外。(图2-25)

图2-25　青瓷茶具

(2)白瓷茶具

唐代时，景德镇生产的白瓷就有"假玉器"之美称，这些产品质薄光润，并有影青刻花、印花和褐色点彩装饰。到了元代，景德镇因烧制青花瓷而闻名于世。北宋时，江西景德镇因其产的瓷器质地光润，白里泛青，雅致悦目而异军突起，技压群雄而被命名为"中国瓷都"。在明、清两代，人们常常用"白如玉，薄如纸，明如镜，声如磬"来形容白瓷。(图2-26)

图2-26　白瓷茶具

(3)黑瓷茶具

黑瓷茶具，始于晚唐，鼎盛于宋，延续于元，衰微于明、清。福建建窑、江西吉州窑、山西榆次窑等，都大量生产黑瓷茶具，成为黑瓷茶具的主要产地。黑瓷茶具的窑场中，建窑生产的"建盏"最为人称道。(图2-27)

图 2-27　黑瓷茶具

3. 金属茶具

金属茶具是用金、银、铜、锡等制作的茶具，尤其是锡作为茶器材料有较大的优点：呈小口长颈，盖为筒状，比较密封，因此对防潮、防氧化、防光、防异味都有用处。唐代皇宫饮用顾渚茶、金沙泉，便以银瓶盛水，直送长安，主要因其不易破碎价贵，一般老百姓无法使用。（图 2-28、图 2-29）

图 2-28　金属茶具

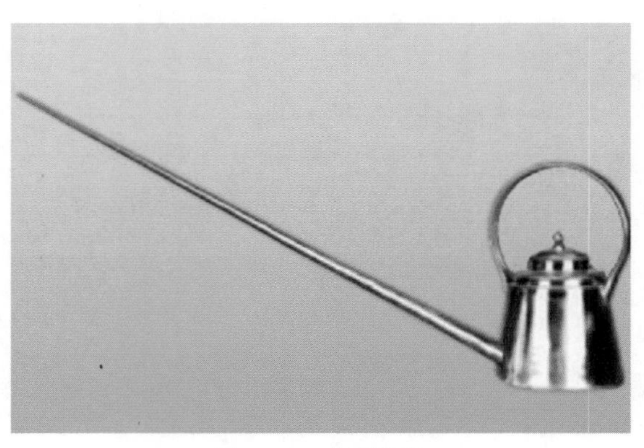

图 2-29　金属茶具

4. 漆器、竹木茶具

(1)漆器

在长沙马王堆西汉墓出土的器物中就有漆器,这一发现足以证明漆器在我国的使用历史久远。漆器茶具是采用天然漆树汁液,经掺色后,再制成绚丽夺目的器件。在浙江余姚的河姆渡文化中,已有木胎漆碗。但长期以来,有关漆器的记载很少,直至清代,福建福州出现了脱胎漆茶具,才引起人们的关注。(图 2-30)

图 2-30　漆器

(2)竹木茶具

利用天然竹木砍削而成的器皿。隋唐以前,我国饮茶虽渐渐推广开来,但属粗放饮茶。当时的茶具,除陶瓷器外,民间多用竹木制作而成。到了清代,在四川出现了一种竹编茶具,它既是一种工艺品,又富有实用价值,主要品种有茶杯、茶盅、茶托、茶壶、茶盘等,多为成套制作。

20 世纪 50 年代以来,竹编茶具已由本色、黑色或淡褐色的简单花纹,发展到运用五彩缤纷的竹丝,编织成精致繁复的图案花纹,创造出疏编、扭丝编、雕花、漏花、别花、贴花等多种技法。(图 2-31)

图 2-31　竹木茶具

### 5. 玻璃和搪瓷茶具

(1)玻璃茶具

玻璃茶具是茶具中的后起之秀。它质地透明、可塑性大、晶莹剔透、光彩夺目、光洁、导热性好、时代感强、价廉物美。随着生产的发展,如今玻璃茶具已成为大宗茶具之一。(图 2-32)

图 2-32　玻璃茶具



(2)搪瓷茶具

我国真正开始生产搪瓷茶具是 20 世纪初。搪瓷茶具传热快,易烫手,放在茶几上,会烫坏桌面,加之“身价”较低,所以,使用时受到一定限制,一般不作待客之用。(图 2-33)

图 2-33　搪瓷茶具

### 6. 其他茶具

在日常生活中,除了使用上述茶具之外,还有玉石茶具及一次性的塑料、纸质茶杯等。不过最好别用保温杯泡饮,保温杯易闷熟茶叶,有损风味。(图 2-34)

图 2-34　玉石茶具

（二）按功能来分类

**1. 主泡器**

（1）茶壶

茶壶为主要的泡茶容器，一般以陶壶为主，此外尚有瓷壶、石壶等。上等的茶，强调的是色香味俱全，喉韵甘润且耐泡；而一把好茶壶不仅外观要美雅、质地要匀滑，最重要的是要实用。（图 2-35、图 2-36）

图 2-35　茶壶（西施壶）

图 2-36　茶壶（石瓢壶）

（2）茶船

茶船又称茶池或壶承，用来放置茶壶以防烫手之用，因为它的形状似舟，所以称为茶船（图 2-37、图 2-38）。

图 2-37　茶船

图 2-38　茶船

(3)茶海

茶海又称茶盅或公道杯。茶壶内之茶汤浸泡至适当浓度后,茶汤倒至茶海,再分倒于各小茶杯内,以求茶汤浓度之均匀。亦可于茶海上覆一滤网,以滤去茶渣、茶末。没有专用的茶海时,也可以用茶壶充当。(图 2-39、图 2-40)

图 2-39　茶海

图 2-40　茶海

(4)茶杯

茶杯又称品茗杯。当品饮香气高的茶叶时,可与闻香杯搭配使用。根据茶壶的形状、色泽,选择适当的茶杯,搭配起来也颇具美感。为便于欣赏茶汤颜色及容易清洗,杯子内面最好上釉,而且是白色或浅色。(图 2-41、图 2-42)

图 2-41　品茗杯

图 2-42　闻香杯(高)与品茗杯

(5)盖碗

盖碗也称盖杯、三才碗,分为茶碗、碗盖、托碟三部分,盖表示天,底表示地,中间部分的碗表示人,寓意了茶为天涵之,地载之,人蕴之的灵物。(图 2-43、图 2-44)

图 2-43　盖碗

图 2-44　盖碗

(6)茶盘

用以承放茶杯或其他茶具的盘子,以盛接泡茶过程中流出或倒掉之茶水。也可以用作摆放茶杯的盘子,茶盘有塑料制品、不锈钢制品,形状有圆形、长方形等多种。(图2-45、图2-46)

图2-45 茶盘

图2-46 茶盘

2. 辅泡器和其他器具

(1)茶道组

茶道组因其有六件器具,也称茶道六君子。具体有:茶则——用来量取干茶;茶针——疏通茶壶的壶口,以保持水流畅通;茶匙——形状像汤匙,其主要用途是拨茶入壶或挖取泡过的茶和壶内茶叶;茶夹——功用与茶匙相同,可将茶渣从壶中夹出,也常有人拿它来夹着茶杯洗杯,防烫又卫生;茶漏——放茶叶时放在壶口上,以导茶入壶,防止茶叶掉落壶外;茶筒——盛放茶艺用品的器皿。(图2-47、图2-48)

图2-47 茶道组

图2-48 茶道组

(2)茶荷

形状多为有引口的半球形,瓷质或竹质,用来盛干茶,供欣赏干茶并投入茶壶之用。(图2-49、图2-50)

图 2-49　茶荷

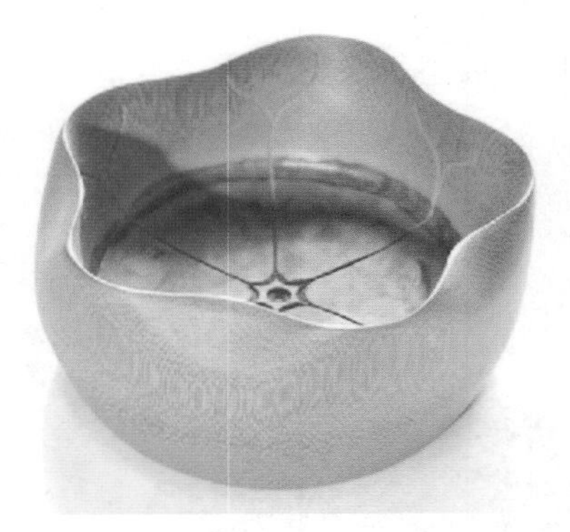

图 2-50　茶荷

(3)茶巾

茶巾的主要功用是干壶,于斟茶之前将茶壶或茶海底部的杂水擦干,也可擦拭滴落桌面的茶水。(图 2-51)

图 2-51　茶巾



(4)煮水器

泡茶的煮水器在古代用风炉,目前较常见者为酒精灯及电壶,此外尚有用瓦斯炉及电子开水机。(图 2-52、图 2-53)

图 2-52　煮水器

图 2-53　煮水器

（5）茶叶罐

储存茶叶的罐子，必须无杂味、能密封且不透光，其材料有马口铁、不锈钢、锡合金及陶瓷等。（图2-54—图2-56）

图2-54　陶瓷茶叶罐

图2-55　竹制茶叶罐

图2-56　锡制茶叶罐

## 三、茶具的选择

根据不同茶叶的特点，选择不同质地的茶具，才能相得益彰。茶具质地主要指茶具密度。密度高的茶具，因气孔率低、吸水率小，可用于冲清淡风格的茶。如冲泡各种名优绿茶、大宗绿茶、花茶、红茶及白毫乌龙等，可用高密度瓷器或银器，泡茶时茶香不易被吸收，显得特别清洌，透明玻璃杯亦用于冲泡名优绿茶，便于观形、色。而那些香气低沉的茶叶如铁观音、水仙、普洱茶等，则常用低密度的陶器冲泡，主要是紫砂壶，因其气孔率高、吸水量大，故茶泡好后，持壶盖即可闻其香气，尤显醇厚。在冲泡乌龙茶时，同时使用闻香杯和品茗杯，闻香杯质地要求致密，当茶汤由闻香杯倒入品茗杯后，闻香杯中残余茶香不易被吸收，可以用手捂之，其杯底香味在手温作用下很快发散出来，达到闻香目的。

茶具质地还与施釉与否有关。原本质地较为疏松的陶器，若在内壁施以白釉，就等于穿了一件保护衣，使气孔封闭，成为类似密度高的瓷器茶具，同样可用于冲泡清淡的茶类。这种陶器的吸水率也变小了，气孔内不会残留茶汤和香气，清洗后可用来冲泡多种茶类。未施釉的陶器，气孔内吸附了茶汤与香气，日久冲泡同一种茶还会形成茶垢，不能用于冲泡其他茶类，以免串味，而应专用，这样才会使香气越来越浓郁。

## 四、茶具与茶叶的配合

茶具的色泽是指制作材料的颜色和装饰图案花纹的颜色，通常可分为冷色调与暖色调两类。冷色调包括蓝、绿、青、白、灰、黑等色，暖色调包括黄、橙、红、棕等色。凡用素色装饰的茶具，可以主色划分归类。茶器色泽的选择是指外观颜色的选择搭配，其原则是要与茶叶相配，饮具内壁以白色为好，能真实反映茶汤色泽与明亮度，并应注意主茶具中壶、盅、杯的色彩搭配，再辅以船、托、盖，使其浑然一体，天衣无缝。最后以主茶具的色泽为基准，配以辅助用品。各种茶类适宜选配的茶具色泽一般如下所述：

(一)绿茶类茶具

**1. 名优绿茶茶具**

透明无花纹、五色彩、无盖玻璃杯，或白瓷、青瓷、青花瓷无盖杯。

**2. 大宗绿茶茶具**

单人用具，夏秋季可用无盖、有花纹或冷色调的玻璃杯；春冬季可用青瓷、青花瓷等各种冷色调的瓷盖杯。多人用具，宜用青瓷、青花瓷、白瓷等各种冷色调的壶杯具。

(二)红茶类茶具.



**1. 条形红茶茶具**

紫砂(杯内壁上白釉)、白瓷、白底红花瓷、各种红釉瓷的壶杯具、盖杯和盖碗。

**2. 红碎茶茶具**

紫砂(杯内壁上白釉)以及白、黄底色描橙、红和各种暖色瓷的咖啡壶具。

(三)黄、白茶类茶具

**1. 黄茶类茶具**

奶白茶、黄釉颜色瓷和以黄、橙为主色的五彩壶杯具、盖碗和盖杯。

**2. 白茶类茶具**

白瓷或黄泥炻器壶杯，或用反差极大且内壁有色的黑瓷，以衬托出白毫。

(四)普洱茶茶具

紫砂壶杯具。

(五)乌龙茶类茶具

**1. 轻发酵及重发酵类**

白瓷及白底花瓷壶杯具或盖碗、盖杯。

**2. 半发酵及轻、重焙火类**

朱泥或灰褐系列炻器壶杯具。

（六）花茶茶具

青瓷、青花瓷、斗彩、五彩等品种的盖碗、盖杯、壶杯具。

## 五、茶具的摆放原则

（一）茶具配置的原则

茶具配置的原则是：实用、简单、洁净、优美。强调茶具的实用性，是由其内在的科学性决定的。例如紫砂茶壶，壶口与壶嘴齐平、出水流畅自如、壶与盖接缝紧密等细节，是决定这把茶壶使用时是否得心应手的关键，至于造型沉稳典雅则在其次。简单，代表一种从容的心态。即使是一只普通玻璃杯，也是好的。洁净，意味着茶具要勤加擦拭。不论使用与否，也要经常保持茶具的洁净。优美，表示茶具的造型要给人以美感。

（二）茶具的定位放置

茶桌可左右、前后归纳为三等分计九格。从左到右，从后到前，依序是第一格、第二格、第三格，第二排第四格、第五格、第六格，最前面是第三排第七格、第八格、第九格。

第一格置煮水器。第二、五格置主泡器。第三格置辅器。煮水器：有电壶、瓦斯炉、风炉等不同种类，若是过高置桌上颇不方便，应置于主泡者的左方略靠茶桌后边。主泡器：茶壶、壶承、盖置、茶海、水盂。辅器：茶仓、茶则、茶匙、茶巾、茶杯等。（图 2-57）

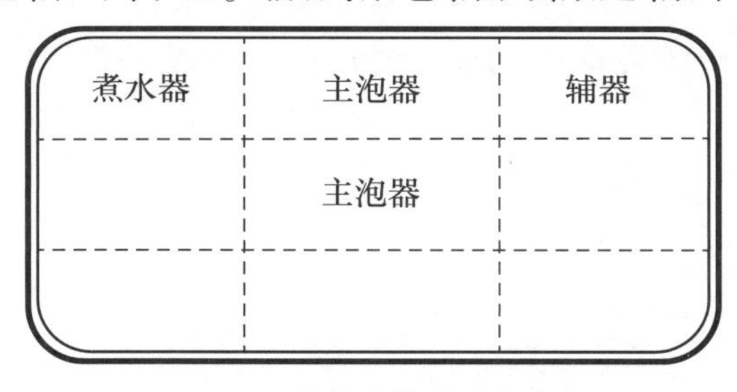


图 2-57　茶具定位放置九宫图

## 实训活动

**实训活动一**

活动名称：辨识茶具的名称及使用方法。

活动目的：能认识茶具；能掌握茶具的基本用途。

活动过程：教师展示茶具，学生辨识。

**实训活动二**

活动名称：茶具的摆放练习。

活动目的：能掌握茶具的摆放原则，合理布置茶席。

活动过程：学生分组练习，并进行成果展示。

活动成果：请将你的摆放结果填到九宫图内。

活动时间：　　　　　　活动小组：

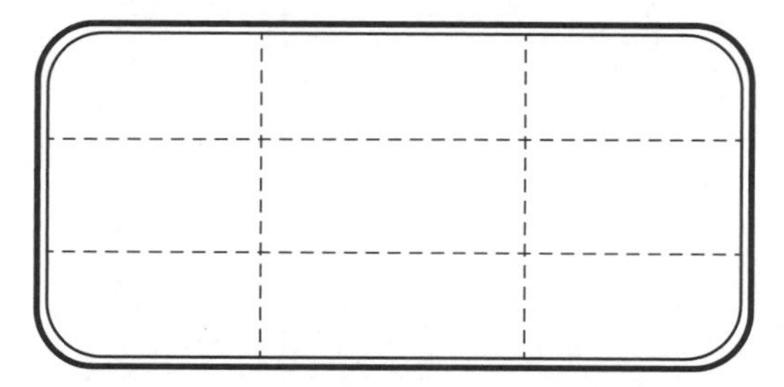

## 知识拓展

### 如何开壶

新壶在使用之前，需要处理，这个过程就叫开壶。开壶的方法如下：

1. 用白水煮至少一个小时。具体方法是将壶盖与壶身分开，放入凉水锅中，将锅置于炉子上，以文火慢慢加热至沸腾。一个小时后关火。这一步可以借热胀冷缩让壶身的气孔释放出所含的土味及杂质。

2. 将白水煮过的壶与一块老豆腐，一同放入清水中煮，方法同上，至少一个小时。这个步骤叫作去火气，目的是褪掉制壶时高温煅烧带来的火气。

3. 将上面的壶与一段嫩甘蔗头，一同放入清水中煮，方法同上。至少一个小时。

4. 将上面的壶与茶叶一同放入清水中煮，方法同上，至少一个小时。完成上面四个步骤后，紫砂壶才可以正式开始使用。



# 学习情境3 备　水

## 学习目标

认识水的分类；掌握泡茶三要素。

## 知识学习

宋代王安石认为“水甘茶串香”，清代袁枚总结得出：“欲治好茶，先藏好水。”明代张源在《茶录》中说：“茶者水之神，水者茶之体，非真水莫显其神，非精茶曷窥其体。”随着现代文明的发展，人类无视生态的平衡，对大自然进行破坏，江水、井水污染，用都不能，就别说泡茶了。那什么样的水适合用来泡茶？什么样的水泡出来的茶更香？

## 一、品茗用水中的好水

陆羽在《茶经》中说："其水用山水上，江水中，井水下。其山水，拣乳泉，石池，漫流者上，其瀑涌湍激勿食之……其江水取去人远者，井取汲多者。"后人将品茗用水的好水定为："清、轻、甘、活、冽。"

### 1. 清

水质的"清"是相对"浊"而言。用水应当质地洁净、无污染，这是生活中的常识。沏茶用水尤应洁净，古人要求水"澄之无垢、挠之不浊"。水不洁净则茶汤混浊，难以入人眼。水质清洁无杂质、透明无色，方能显出茶之本色。

### 2. 轻

水质的"轻"是相对"重"而言，古人总结为，好水"质地轻，浮于上"，劣水"质地重，沉于下"。古人所说水之"轻、重"，类似今人所说的"软水、硬水"。

### 3. 活

"活水"是对"死水"而言，要求水"有源有流"，不是静止水。煎茶的水要活，陆羽在其《茶经》中就强调过，后人亦有深刻的认识，并常常赋之以诗文。苏东坡曾有《汲江煎茶》诗："活水还须活火烹，自临钓石取深清。大瓢贮月归春瓮，小勺分江入夜瓶。"

### 4. 甘

"甘"是指水含口中有甜美感，无咸苦感。宋徽宗《大观茶论》谓："水以清、轻、甘、洁为美，轻、甘乃水之自然，独为难得。"水味有甘甜、苦涩之别，一般人均能体味。硬水中含矿物质盐较多，而这些矿物质盐通常会使水品尝起来有咸或苦的感觉，所以一般味为甘甜的水多是软水。

### 5. 冽

"冽"则是指水含口中有清冷感。水的清冽，也是煎茶用水所要讲究的。古人认为水"不寒则烦躁，而味必啬"，啬者，涩也。明代田艺衡说："泉不难于清，而难于寒。其濑峻流驶而清、岩奥阴积而寒者，亦非佳品。"泉清而能冽，证明该泉系从地表之深层沁出，所以水质特好。

如没有条件进行检测，应选用清洁、无色、无味的水泡茶，现代城市中很容易购得的矿泉水、纯净水都是上好的泡茶用水，被广大的茶艺馆经营者所青睐。由于自来水含氯，直接取用泡茶将破坏茶汤的味道，因此建议不直接用来泡茶，使用前应经过过滤器，静置一夜后再用。

## 二、水的分类

在选择泡茶用水时，我们需要了解水的软硬度与茶汤品质的关系。一般泡茶用水都使用天然水。天然水包括泉水（山水）、溪水、江水（河水）、湖水、井水、雨水、雪水等，自来水也是通过净化后的天然水。天然水分为硬水和软水，具体分类见表2-6。

表 2-6

| 天然水 | 具体分类 |
| --- | --- |
| 硬水 | 凡含有较多量的钙、镁离子的水称为硬水，主要有泉水、江河之水、溪水、自来水和一些地下水 |
| 软水 | 不含或含少量钙、镁离子的水称为软水，如天然水中的雨水和雪水 |

## 三、水温与茶的关系

古人对泡茶的水温十分讲究。陆羽在《茶经·五之煮》中说："其沸，如鱼目，微有声，为一沸；缘边如涌泉连珠，为二沸；腾波鼓浪，为三沸，以上水老不可食也。"未沸滚的水，人称为"水嫩"，也不适宜泡茶，因水温低，茶中有效成分不易泡出，使香味低淡，而且茶浮水面，不便饮用。

泡茶水温的高低，主要看泡饮什么茶而定。冲泡绿茶，不能用 100 ℃的沸水冲泡，一般以 80 ℃左右为宜。特别是茶叶细嫩的名优绿茶，用 75 ℃左右的水冲泡即可。茶叶越嫩越绿，冲泡水温越要低，这样泡出的茶汤一定嫩绿明亮，滋味鲜爽，茶叶维生素 C 也较少破坏。而水温过高，则茶汤容易变黄，滋味较苦，维生素 C 大量破坏。泡饮各种花茶，则在冲泡过程中，用开水淋壶。少数民族饮用的砖茶，要求水温更高，将砖茶敲碎，放在锅中熬煮。



一般来说，水温越高，溶解度越大，茶汤越浓；反之，水温越低，茶汤就越淡。但有一点需要说明，无论用什么温度的水泡茶，都应将水烧开（水温达到 100 ℃）之后，再冷却至所要求的温度。

## 四、品茗用水的分类

陆羽说"其水，山水上，江水中，井水下"，自古以来，泡茶用水就极为讲究，成为千百年来人们品茗用水所遵循的定律。

### （一）天水

古人称用于泡茶的雨水和雪水为天水，也称天泉。雨水和雪水是比较纯净的，虽然雨水在降落过程中会碰上尘埃和二氧化碳等物质，但含盐量和硬度都很小，历来就被用来煮茶。特别是雪水，更受古代文人和茶人的喜爱。如唐代白居易《晚起》诗中的"融雪煎香茗"，宋代辛弃疾词中的"细写茶经煮香雪"，元代谢宗可《雪煎茶》中的"夜扫寒英煮绿尘"，清人袁枚道"就地取天泉，扫雪煮碧茶"，清代曹雪芹《红楼梦》中的"扫将新雪及时烹"等，都是歌咏用雪水烹茶的。雪水是软水，且洁净轻灵，用来泡茶，汤色鲜亮，香味俱佳。清代乾隆皇帝"遇佳雪，必收取，以松实、梅英、佛手烹茶，谓之三清"。

另外，空气洁净时下的雨水，也可用来泡茶，但因季节不同而有很大差异。秋季，天高气爽，尘埃较少，雨水清冽，泡茶滋味爽口甘回；梅雨季节，和风细雨，有利于微生物滋长，用来泡茶品质较次；夏季雷阵雨，常伴飞沙走石，水质不净，泡茶茶汤混浊，不宜饮用。

（二）地下水

山泉、江河水、湖水、海水、井水在自然界被统称为“地水”。

### 1. 泉水

明代《茶笺》一书中认为：“山泉为上，江水次之。”在天然水中，泉水水源多出自山岩壑谷，或潜埋地层深处，流出地面的泉水，经多次渗透过滤，水质一般比较稳定，所以有“泉从石出清宜洌”之说。但是，在地层里的渗透过程中泉水溶入了较多的矿物质，它的含盐量和硬度等就有较大的差异。所以，不是所有的泉水都是上等的，有的泉水如硫黄矿泉水甚至不能饮用。

我国泉水资源极为丰富。其中比较著名的就有百余处。镇江中泠泉、无锡惠山泉、苏州观音泉、杭州虎跑泉和济南趵突泉，号称中国五大名泉。

### 2. 江、河、湖水

江、河、湖水均为地面水，所含矿物质不多，通常有较多杂质，混浊度大，受污染较重，情况较复杂，所以江水一般不是理想的泡茶用水。但我国地域广阔，有些未被污染的江河湖水澄清后用来泡茶，也很不错。宋代诗人杨万里曾写诗描绘船家用江水泡茶的情景，诗云：“江湖便是老生涯，佳处何妨且泊家，自汲松江桥下水，垂虹亭上试新茶。”明代许次纾在《茶疏》中说：“黄河之水，来自天上，浊者土色也，澄之既净，香味自发。”说明有些江河之水，尽管混浊度高，但澄清之后，仍可饮用。通常靠近城镇之处，江河水易受污染。唐代《茶经》中提到“其江水，取去人远者”，也就是到远离人烟的地方去取江水。千余年前况且如此，如今环境污染更为严重，因此许多江水需要经过净化处理后才可饮用。

### 3. 井水

井水属地下水，是否适宜泡茶，不可一概而论。有些井水，水质甘美，是泡茶好水，如北京故宫博物院文华殿东传心殿内的“大庖井”，曾经是皇宫里的重要饮水来源。一般说浅层地下水易被地面污染，水质较差。所以深井比浅井好。其次，城市里的井水，受污染多，多咸味，一般不宜泡茶；而农村井水，受污染少，水质好，适宜泡茶。

### 4. 加工水

（1）自来水

一般经过人工净化、消毒处理过的江、河、湖水，也属于地水。凡达到我国卫生部制定的饮用水卫生标准的自来水，都可以用来泡茶。但有时自来水用过量的氯化物消毒，气味很重，用之泡茶，不仅茶香受到影响，汤色也会浑。因此，如果用自来水沏茶，应注意三点：第一，最好避免一早接水，因为夜间用水较少，自来水在水管中停留时间较长，会含有较多的铁离子或其他杂质，如果晨起就接水，则最好适当放掉一些水后再接水饮用。第二，最好用无污染的容器，接水后先储存一天，待氯气散发后再煮沸沏茶，或者采用净水器将水净化后再用来沏茶。第三，北方地区的自来水一般硬度较高，不适合沏泡高档名茶（可选用天然水或纯净水），但对成熟度较高的茶叶影响较小。

(2)纯净水

纯净水是指采用多种纯化技术把水中所有的杂质和矿物质都去掉的水,其纯度很高,硬度几乎为零,是纯软水,pH 值一般在 5 ~ 7,下限值甚至低于酸雨污染的指标(为 5.6),大部分的纯净水 pH 值在 6.5 以下,属弱酸性。纯净水在处理过程中不仅去掉了水中的重金属、三卤甲烷、有机物、放射性物质、微生物等有害、有毒、有异味物,也除去了对人体有益的微量元素和矿物质。

(3)矿物质水

矿物质水属人工合成水(也称仿矿泉水),其是在纯净水的基础上加入适量的人工矿物质盐试剂制成的。大部分矿物质水的 pH 值(酸碱度)在 6 以下,甚至比纯净水的酸度还低,长期饮用不利于人体健康。

## 知识拓展

### 中国五大名泉

一、镇江中泠泉

中泠泉又名南零水,早在唐代就已天下闻名。刘伯刍把它推举为全国宜于煎茶的七大水品之首。中泠泉原位于镇江金山之西的长江江中盘涡险处,汲取极难。“铜瓶愁汲中濡水(即南零水),不见茶山九十翁。”这是南宋诗人陆游的描述。文天祥也有诗写道:“扬子江心第一泉,南金来北铸文渊,男儿斩却楼兰首,闲品茶经拜羽仙。”如今,因江滩扩大,中泠泉已与陆地相连,仅是一处景观罢了。

二、无锡惠山泉

惠山泉号称“天下第二泉”。此泉于唐代大历十四年(公元 779 年)开凿,迄今已有 1 200 余年历史。张又新《煎茶水记》中说:“水分七等……惠山泉为第二。”元代大书法家赵孟頫和清代吏部员外郎王澍分别书有“天下第二泉”,置于泉畔,字迹苍劲有力,至今保存完整,这就是“天下第二泉”的由来。惠山泉分上、中、下三池。上池呈八角形,水色透明,甘醇可口,水质最佳;中池为方形,水质次之;下池最大,系长方形,水质又次之。历代王公贵族和文人雅士都把惠山泉视为珍品。相传唐代宰相李德裕嗜饮惠山泉水,常令地方官吏用坛封装泉水,从镇江运到长安(今陕西西安),全程数千里。当时诗人皮日休,借杨贵妃驿递南方荔枝的故事,作了一首讽刺诗:“丞相长思煮茗时,郡侯催发只忧迟。吴关去国三千里,莫笑杨妃爱荔枝。”

三、苏州观音泉

观音泉为苏州虎丘胜景之一。张又新在《煎茶水记》中将苏州虎丘寺石水(即观音泉)列为第三泉。该泉甘洌,水清味美。

四、杭州虎跑泉

相传,唐元和年间,有个名叫“性空”的和尚游方到虎跑,见此处环境优美,风景秀丽,便想建座寺院,但无水源,一愁莫展。夜里梦见神仙相告:“南岳衡山有童子泉,当夜遣二虎迁来。”第二天,果然跑来两只老虎,刨地作穴,泉水遂涌,水味甘醇。虎跑泉因而得名,名列全国第四。其实,同其他名泉一样,虎跑泉也有其地质学依据。虎跑泉的北面是林木茂密的群山,地下是石英砂岩,天长地久,岩石经风化作用,产生许多裂缝,地下水通过砂岩的过滤,慢慢从裂缝中涌出。这才是虎跑泉的真正来源。据分析,该泉水可溶性矿物质较少,总硬度低。每升水中只有0.02毫克的盐离子,故水质极好。

五、济南趵突泉

趵突泉为当地七十二泉之首,列为全国第五泉。趵突泉位于济南旧城西南角,泉的西南侧有一建筑精美的“观澜亭”。宋代诗人曾经写诗称赞:“一派遥从玉水分,暗来都洒历山尘,滋荣冬茹温常早,润泽春茶味更真。”

## 项目回顾

1. 茶树的外形可分为哪三种?

2. 哪种环境适宜茶树生长?

3. 基本茶类有哪些?

4. 哪些茶类属半发酵茶?哪些茶类属不发酵茶?哪些茶类属全发酵茶?哪些茶类属后发酵茶?

5. 茶具可分为哪几类?

6. 什么样的水适宜用来泡茶?

## 学茶随记

# 项目三 茶品销售

## 项目描述

如何在顾客进入到茶艺馆之后,让其满意地喝好一杯茶是茶艺服务人员所要认真考虑的问题,其中茶艺服务人员对茶饮的推荐是第一步。本项目包括一个学习情境:茶品销售。让学生通过对此项目的学习,能够进行基本的茶品销售。

## 情景导入

宁馨正式地上岗了,今天她迎来了她的第一位顾客,顾客在看的过程中让宁馨给推荐几款适合自己的茶,但宁馨却不知道应该将什么样的茶推荐给这位顾客,结果顾客很不高兴,走出了茶艺馆。宁馨失去了第一单生意,有点沮丧,她主动找到经理学习经验,经理便耐心地给她讲解向宾客销售茶品的方法……

## 学习情境 茶品销售

### 学习目标

掌握不同人群的特点;能对不同人群进行茶品销售。

### 知识学习

#### 一、根据顾客的情况推荐茶饮

茶艺服务人员应明确消费者层次、种类划分并通过顾客外表判断其身份(此举要与以貌取人有原则性的区分),通过客户对商品的关注点去了解其潜在的购买动机,理解和领会顾客的购买意向、动机,给予答复或提供服务,针对不同的顾客,推荐不同的茶叶。

（一）给不同年龄段的顾客推荐茶饮

**1. 青年顾客**

这类顾客是初入门的茶人，他们是时尚的代表，初接触茶文化这种传统的事物，有一种好奇和新鲜感。所以茶艺服务人员应通过交谈使他们佩服店员的文化底蕴和品位，从而对茶叶产生兴趣，通过宣传茶叶引起他们的好奇心，动员其购买。这类顾客活动量大、气血旺盛，可以推荐其饮绿茶，可滋阴生津、清热泻火、宁心安神。

**2. 中年顾客**

中年人是家庭的主要经济来源人，有一定的购买能力，购买茶叶时眼光独到，有经验，能接受新的茶品。这类顾客对茶艺服务人员的销售不太重视，而且有时会提出一些让茶艺服务人员难以解答的问题。这时茶艺服务人员应小心地为他解决问题。

**3. 老年顾客**

这类顾客时间充足，经验丰富，在购买前会做足大量的前期比较工作，他们有自己喜爱的茶品，对新品种的接受能力不强。接待这类顾客时，应诚心以对，表现出自己的诚意，取得好感。

（二）给不同性别的顾客推荐茶饮

**1. 女性顾客**

女性顾客对茶叶包装、价格、购物环境的优雅度和便利性很在意，她们会先让茶艺服务人员推荐一些茶叶单品，然后通过比较，精选其中的一部分单品。由于少女经期前后或女性处于更年期时，情绪易烦躁不安，可推荐饮花茶，有助于疏肝解毒、理气调经。

**2. 男性顾客**

男性顾客目的性较强，喜欢速战速决，不作过多的选择和比较，通常会在较短的时间内决定选购的茶叶单品，而男性客户则对追求高性价比情有独钟，特别是选购商政礼品茶，除了茶叶本身的品质，茶叶品牌本身所代表的社会价值层次，更是男性消费者对某个茶叶品牌推崇的关键。

（三）给特殊顾客推荐茶饮

**1. 少年儿童**

少年儿童不宜过多地饮茶，宜多用茶水漱口，可推荐饮淡绿茶或淡花茶。

**2. 孕妇**

可推荐饮淡绿茶，临产前及分娩后的妇女宜饮红茶（如在茶中适当加入红糖，则效果更佳）。

**3. 病人**

胃部有病者可推荐饮乌龙茶、玳玳花茶，或在茶中加蜜；肝部患病者可推荐饮花茶。

4. 减肥人群

减肥去脂者,可推荐饮乌龙茶和普洱茶。

另外,从事体力劳动者可推荐饮红茶、乌龙茶;脑力劳动者可推荐饮绿茶、茉莉花茶;嗜烟酒者可推荐饮绿茶;喜食油腻肉类者可推荐饮乌龙茶;厨师可推荐饮乌龙茶;矿工、司机可推荐饮绿茶。

## 二、根据季节情况推荐茶饮

一年四季,气候变化不一,不但寒暑有别,而且干湿各异,在这种情况下,人的生理需求是各不相同的。因此,从人的生理需求出发,结合茶的品性特点,最好能做到四季向不同宾客销售茶品。

(一)春季

春天,万物复苏,阳气生发,但这时人们却普遍感到困倦乏力,表现为春困现象。这时喝花茶,能缓解春困带来的不良影响。花茶甘凉而兼芳香辛散之气,有利于散发积聚在人体内的冬季寒邪、促进体内阳气生发,令人神清气爽,可使"春困"自消。花茶是集茶味之美、鲜花之香于一体的茶中珍品。"花引茶香,相得益彰",它是利用烘青毛茶及其他茶类毛茶的吸味特性和鲜花的吐香特性的原理,将茶叶和鲜花拌和窨制而成,以茉莉花茶最为有名。这是因为,茉莉花香气清婉,入茶饮之浓醇爽口,馥郁宜人。高档花茶的泡饮,应选用透明玻璃盖杯,取花茶 3 克,放入杯里,用初沸开水稍凉至 90 ℃左右冲泡,随即盖上杯盖,以防香气散失。两三分钟后,即可品饮,顿觉芬芳扑鼻,令人心旷神怡。



(二)夏季

夏日炎热,骄阳似火,人在其中,挥汗如雨,人的体力消耗很多,精神不振,这时以品绿茶为好。因绿茶属未发酵茶,性寒,"寒可清热",最能去火,生津止渴,消食化痰,对口腔和轻度胃溃疡有加速愈合的作用。而且它营养成分较高,还具有降血脂、防血管硬化等药用价值。这种茶冲泡后水色清冽,香气清幽,滋味鲜爽,夏日常饮,清热解暑,强身益体。绿茶中的珍品,有浙江杭州狮峰的龙井,汤色碧绿,清香宜人,被誉为"中国绿茶魁首";江苏太湖碧螺春,茶色碧翠嫩绿,香气浓郁;安徽黄山毛峰,茶味清香。冲泡绿茶,直取 90 ℃开水泡之,高级绿茶和细嫩的名茶,其芽叶细嫩,香气也多为低沸点的清香型,用 80 ℃开水冲泡即可,冲泡时不必盖上杯盖,以免产生热闷气,影响茶汤的鲜爽度。

(三)秋季

秋天,天高云淡,金风萧瑟,花木凋落,气候干燥,令人口干舌燥,嘴唇干裂,中医称为"秋燥",这时宜饮用青茶。青茶,又称乌龙茶,属半发酵茶,介于绿、红茶之间。色泽青褐,冲泡后可看到叶片中间呈青色,叶缘呈红色,素有"青叶镶边"美称,既有绿茶的清香和天然花香,又有红茶醇厚的滋味,不寒不热,温热适中,有润肤、润喉、生津、清除体内积热,让机体适应自然环境变化的作用。常见的乌龙茶名品有福建乌龙、广东乌龙、台湾乌龙,以闽北武夷岩茶、闽南安溪铁观音为著名。但乌龙茶类很多以茶树品种而分,有铁观音、奇兰、梅占、水仙、桃仁、毛蟹等。乌龙茶习惯浓饮,注重品味闻香,冲泡乌龙茶需100 ℃沸水,泡后片刻将茶壶里的茶水倒入茶杯里,品时香气浓郁,齿颊留香。

(四)冬季

红茶适宜冬季饮用。红茶味甘苦、性微温、气香。红茶的热性比青茶差,但比绿茶强。红茶的加工特点是,不杀青破坏茶叶中酶的活性,而以萎凋、发酵来增强酶的活性。虽然在发酵过程中引起鲜叶内质起变化,产生了热性物。但因鲜叶较嫩、含糖量又比青茶少,加之在加工过程中烘焙时间比青茶短,故其热性就较青茶要小。在冬春季节寒冷的天气饮用,可适当补充身体热量,温胃散寒,提神暖身,比较适宜。

## 实训活动

活动名称:茶品推荐。

活动目的:能对顾客进行分类,并向其推荐茶品。

活动过程:分组进行各种茶品推荐的练习,再以情景再现的方式进行成果展示、评比。

活动评价:请将检查结果填到表内。

活动时间: 活动人员:

| 小组名 | 评　分 | 应得分 | 得分 | 备注 |
|---|---|---|---|---|
| | 分工协作好,并能充分发挥团队作用 | 10 | | |
| | 资料组织有条理,内容丰富 | 10 | | |
| | 内容能反映小组成员的接待能力与技巧 | 10 | | |
| | 能够掌握好理论运用的幅度 | 10 | | |
| | 展示手段多样化,效果良好 | 10 | | |
| | 演示仪态好,语言简练,气质佳 | 10 | | |
| | 组织纪律好、遵守课堂纪律,做好笔记 | 10 | | |
| | 小组评价认真,能为其他小组提出一些建设性的建议 | 10 | | |
| 合　计 | | 80 | | |



## 知识拓展

### 茶艺服务人员怎样给顾客提供一流的微笑服务

一、发自内心的微笑

微笑,是一种愉快心情的反映,也是一种礼貌和涵养的表现。茶艺服务人员并不仅仅在工作中展示微笑,在生活中处处都应有微笑,在工作岗位上只要把顾客当作自己的朋友,尊重他,你就会很自然地向他发出会心的微笑。因此,这种微笑不用靠行政命令强迫,而是作为一个有修养、有礼貌的人自觉自愿发出的。唯有这种笑,才是顾客需要的笑,也是最美的笑。

二、要排除烦恼

茶艺服务人员遇到了不顺心的事,难免心情也会不愉快,这时再强求他对顾客满脸微笑,似乎是太不尽情理。可是服务工作的特殊性,又决定了茶艺服务人员不能把自己的情绪发泄在顾客身上。所以茶艺服务人员必须学会分解和淡化烦恼与不快,时时刻刻保持一种轻松的情绪,让欢乐永远伴随自己,把欢乐传递给顾客。

三、要有宽阔的胸怀

茶艺服务人员要想保持愉快的情绪,心胸宽阔至关重要。接待过程中,难免会遇到出言不逊、胡搅蛮缠的顾客,茶艺服务人员一定要谨记"忍一时风平浪静,退一步海阔天空"。有些顾客在选购商品时犹犹豫豫,花费了很多时间,但是到了包装或付款时,却频频催促服务人员。遇到这种情况,茶艺服务人员绝对不要不高兴或发脾气,应该这么想:"他一定很喜欢这种东西,所以才会花那么多时间去精心挑选,现在他一定急着把商品带回去给家人看,所以他才会催我。"在这种想法下,便会对顾客露出体谅的微笑。



总之,当你拥有宽阔的胸怀时,工作中就不会患得患失,接待顾客也不会斤斤计较,你就能永远保持一个良好的心境,微笑服务会变成一件轻而易举的事。微笑服务,并不仅仅是一种表情的表现,更重要的是与顾客感情上的沟通。当你向顾客微笑时,要表达的意思是:"见到您我很高兴,我愿意为您服务。"微笑体现了这种良好的心境。

## 项目回顾

1. 面对不同年龄的顾客应怎样进行茶饮推荐?
2. 不同的季节应怎样进行茶饮推荐?

## 学茶随记

# 冲泡服务

**项目描述**

自古武夷山就流传着“三个半茶师”的说法，除了摇青、焙火、归堆这三个师傅以外，还有半个师傅，那就是泡茶的师傅。由此可见泡茶这道程序是多么重要。正确的冲泡方法能把茶的色、香、味发挥到极致，并能给茶赋予灵魂。所以作为一个茶艺服务人员，掌握泡茶的技艺是至关重要的。此项目包括了四个学习情境：绿茶冲泡技艺、红茶冲泡技艺、乌龙茶冲泡技艺、黑茶冲泡技艺。

**情景导入**

今天一早，宁馨迎来了第一批宾客，宾客想品几道茶，宁馨精心挑选了几种口感鲜醇、香高持久的好茶，并根据不同的茶类选用不同的冲泡方式，宾客们喝过宁馨所冲泡的茶后，连连称赞……

## 学习情境1 绿茶冲泡技艺

### 学习目标

认识绿茶的特点，熟悉各种绿茶；熟悉用以冲泡绿茶的器皿，掌握绿茶的三种冲泡方式和技巧。

### 知识学习

#### 一、认识绿茶

绿茶是我国产量最多的一种茶叶，又称不发酵茶。以适宜茶树新梢为原料，经杀青、揉捻、干燥等典型工艺过程制成的茶叶。其干茶色泽和冲泡后的茶汤、叶底以绿色为主调，故名。绿茶加工要经过杀青、揉捻、干燥三道工序，按其干燥和杀青方法的不同，一般分为炒青、烘青、晒青和蒸青绿茶。绿茶形状多样，有条形、针形、扁形、螺形、片形、珠形等，香气有嫩香、花香、清香、熟板栗香等，以香高持久为最佳。中国绿茶中，名品最多，不但香高味长，品质优异，且造型独特，具有较高的艺术欣赏价值。

## 二、绿茶冲泡三要素

(一)投茶量

冲泡绿茶，茶与水之比例为1∶50至1∶60(即1克茶叶用水50～60毫升)为宜，这样冲泡出来的茶汤浓淡适中，口感鲜醇。

(二)冲泡用水温度

由于绿茶茶叶较细嫩，所以不宜用100 ℃的沸水直接冲泡。冲泡名优绿茶，应将水温控制在75～80 ℃。而大宗绿茶，可将水温提高至80～85 ℃。

(三)浸泡时间

用玻璃杯冲泡绿茶，2～3分钟即可饮用。浸泡时间过短，茶的滋味没有完全浸泡出来；而浸泡时间过长，就会使茶汤变苦变涩。

## 三、绿茶冲泡程序

根据茶叶的嫩度不同分别采用中投法、上投法、下投法进行冲泡。



(一)中投法

适用于虽细嫩但很松展、不易下沉的茶叶，如信阳毛尖、竹叶青、西湖龙井等。中投法的具体程序如下：

**1. 备具**

随手泡、玻璃杯、茶盘、茶荷、茶道组、茶巾等。(图4-1)

图4-1　备具

2. 赏茶

用茶则从茶叶罐中取出适量茶叶放入茶荷，双手奉给来宾，敬请欣赏干茶外形、色泽及嗅闻干茶香。（图 4-2）

图 4-2　赏茶

3. 洁具

将玻璃杯一字摆开，逐一倒入 1/3 杯的开水，然后从左侧开始逐一洗杯。（图 4-3）

图 4-3　洁具

4. 冲水

用回旋斟水法冲入 80 ~ 85 ℃的开水至三分满。（图 4-4）

图 4-4 冲水

5. 置茶

用茶匙将茶荷中的茶叶投入玻璃杯中。(图 4-5)

图 4-5 置茶

6. 温润

从左侧开始,用右手轻握杯身,左手托杯底,轻微晃动茶杯以温润茶叶。(图 4-6)

图 4-6 温润

7. 冲水

执开水壶将水沿杯壁一圈后,再用“凤凰三点头”手法高冲注水,冲水量至七分满。(图4-7)

图4-7　冲水

8. 奉茶

右手轻握杯身,左手托杯底,端起玻璃杯轻柔缓慢地放在宾客面前,以手势请宾客品饮。(图4-8)

图4-8　奉茶

(二)上投法

适用于条索紧实、细嫩度极好、易吸水下沉的绿茶,如碧螺春、庐山云雾、蒙顶山甘露等。上投法的具体程序如下:

1. 备具

随手泡、玻璃杯、茶盘、茶荷、茶道组、茶巾等。

2. 赏茶

用茶则从茶叶罐中取出适量茶叶放入茶荷，双手奉给来宾，敬请欣赏干茶外形、色泽及嗅闻干茶香。

3. 洁具

将玻璃杯一字摆开，逐一倒入 1/3 杯的开水，然后从左侧开始逐一洗杯。

4. 冲水

用“凤凰三点头”高冲注入 80 ℃左右的开水至杯中七分满。

5. 置茶

用茶匙将茶荷中的茶叶投入玻璃杯中。

6. 温润

将茶杯从左侧开始，逐一轻微晃动，使茶叶充分浸润，促使可溶物质析出。

7. 奉茶

双手持杯，将茶奉献给宾客。

（三）下投法



适用于松散不易下沉、扁平光滑的茶叶，如太平猴魁、峨眉毛峰等。下投法的具体程序如下：

1. 备具

随手泡、玻璃杯、茶盘、茶荷、茶道组、茶巾等。

2. 赏茶

用茶则从茶叶罐中取出适量茶叶放入茶荷，双手奉给来宾，敬请欣赏干茶外形、色泽及嗅闻干茶香。

3. 洁具

将玻璃杯一字摆开，逐一倒入 1/3 杯的开水，然后从左侧开始逐一洗杯。

4. 置茶

用茶匙将茶荷中的茶叶投入玻璃杯中。

5. 温润

沿杯壁注入 1/5 容量 80～85 ℃的开水稍作浸泡。

6. 冲水

执开水壶将水沿杯壁一圈后，再用“凤凰三点头”手法高冲注水，冲水量至七分满。

7. 奉茶

右手轻握杯身，左手托杯底，端起玻璃杯轻柔缓慢地放在宾客面前，行伸掌礼请宾客品饮。

（四）表演程序

1. 冰心去凡尘（温杯洁具）

将玻璃杯一字摆开，依次倾入1/3的开水，然后从右侧开始，右手捏住杯底，左手扶住杯身，逆时针轻轻旋转杯身，再将杯中的开水依次倒入茶船中。当面清洁茶具既是对客人的礼貌，又可以让玻璃杯预热，避免正式冲泡时炸裂。

2. 春波展英姿（赏茶）

用茶匙从茶叶罐中轻轻拨取适量茶叶入茶荷，供客人欣赏干茶外形及香气，根据需要，可用简短的语言介绍一下即将冲泡的茶叶品质特征和文化背景，以引发品茶者的情趣。

3. 清宫迎佳人（投茶）

4. 凤凰三点头（冲泡）

水烧开后，待到适合的温度，就可冲泡了。执壶以"凤凰三点头"法高冲注水。将水高冲入杯，并在冲水时手臂上下移动，使水壶有节奏地三起三落，犹如凤凰向观众再三点头致意，这叫"凤凰三点头"。这样能使茶杯中的茶叶上下翻滚，有助于茶叶内含物质浸出来，茶汤浓度达到上下一致。也可用"高山流水"法注水。一般冲水入杯至七成满为止。

5. 观音捧玉瓶（奉茶）

右手捏住杯底，左手扶住杯身（注意不要捏杯口），双手将茶送到客人面前，放在方便客人提取品饮的位置。茶放好后，向客人伸出右手，做出"请"的手势，或说"请品茶"。

6. 慧心悟茶香（鉴赏茶汤）

7. 淡中回至味（品茶）

一口润喉，二口品茗，三口回味。

（五）绿茶盖碗冲泡程序

1. 备具

准备盖碗（根据品茗人数定）、茶叶罐、开水壶（煮水器）、茶荷、茶匙、茶巾、茶盘。（图4-9）

2. 洁具

将盖碗排开，掀开碗盖。右手拇指、中指捏住盖钮两侧，食指抵住钮面将盖掀开，斜搁于碗托右侧，依次向碗中注入开水，三成满即可，右手将碗盖稍加倾斜地盖在茶碗上，右手持碗身，左手拇指按住盖钮，轻轻旋转茶碗三圈，将洗杯水从盖和碗身之间的缝隙中倒出，放回碗托上。洁具的同时达到温热茶具的目的，使冲泡时减少茶汤的温度变化。（图4-10、图4-11）

图 4-9　备具

图 4-10　洁具

图 4-11　洁具

3. 赏茶

用茶匙拨取适量干茶于茶荷中，供品茗者欣赏茶叶的外形、色泽及香气。（图 4-12）

图 4-12　赏茶

4. 置茶

左手持茶荷，右手拿茶匙，将干茶依次拨入茶碗中待泡。通常，1 g 细嫩绿茶，冲入开水 50 ~60 mL，一只普通盖碗放上 2 g 左右的干茶即可。（图 4-13）

图 4-13　置茶

5. 冲水

用水温在 80 ℃左右的开水高冲入碗，水柱不要直接落在茶叶上，应落在碗的内壁上，冲水量以七八成满为宜，冲入水后，迅速将碗盖稍加倾斜地盖在茶碗上，使盖沿与碗沿之间有一空隙，避免将碗中的茶叶焖黄泡熟。（图 4-14）

图 4-14 冲水

6. 奉茶

双手持碗托,礼貌地将茶奉给贵宾。(图 4-15)

图 4-15 奉茶



## 实训活动

活动名称:绿茶冲泡技艺练习。

活动目的:能进行绿茶的冲泡。

活动过程:分组进行绿茶的三种冲泡技艺练习,并随机抽取几组进行展示,并进行组内点评和各组互评。

活动评价:请将检查结果填到表内。

活动时间: 展示人员:

| 测评内容 | 测评标准 | 完成情况(优/良/中/差) |
|---|---|---|
| 备具 | 器具清洁,摆放设计整齐美观 | |

续表

| 测评内容 | 测评标准 | 完成情况(优/良/中/差) |
| --- | --- | --- |
| 赏茶 | 姿态规范优美,眼神有交流,适当的语言描述 | |
| 温具 | 手势正确,动作规范 | |
| 置茶 | 投茶量适当 | |
| 润茶 | 注水均匀,水量适当,水流紧贴杯壁,动作优美 | |
| 冲泡 | 凤凰三点头动作优美,水流不断,水量均匀 | |
| 奉茶 | 面带微笑,礼貌规范 | |
| 品茗 | 有一定鉴赏力 | |
| 整体印象 | 表情自然,动作连绵,行茶过程流畅 | |
| 茶汤质量 | 汤色均匀透亮,滋味香醇爽口 | |

## 知识拓展

### 习茶的基本手法



一、持壶的基本手法

(一)持侧耳壶的基本手法

1. 女士:右手大拇指与中指拿住壶把,无名指与小指呈兰花形并拢抵住中指,食指前伸呈弓形压住壶盖钮或壶盖;左手呈兰花形微微托住壶底。

2. 男士:右手大拇指与中指拿住壶把,无名指与小指并拢抵住中指,食指前伸呈弓形压住壶盖钮或壶盖;左手大拇指向内扣,四指并拢,微微托住壶底。

(二)持提梁壶的基本手法

1. 女士:右手大拇指和中指拿住提梁后方,食指在上压住提梁以便出水,无名指与小指呈兰花形并拢抵住中指。

2. 男士:右手虎口拿住提梁前方,大拇指在上压住提梁以便出水,四指并拢。

二、使用盖碗的基本手法

(一)端盖碗手法

1. 女士:双手将盖碗连杯托端起,双手大拇指、食指和中指三指拿住杯托,无名指与小指呈兰花形。

2. 男士:双手将盖碗连杯托端起,双手大拇指、食指和中指三指拿住杯托,无名指与小指并拢。

(二)盖碗出茶汤手法

1. 女士:右手虎口分开,大拇指与中指拿住碗口两侧,食指屈伸按住盖钮下凹处,无名指与小指呈兰花形并拢抵住中指;左手呈兰花形微微托住杯底。

2. 男士:右手虎口分开,大拇指与中指拿住碗口两侧,食指屈伸按住盖钮下凹处,无名指与小指并拢抵住中指。

三、取茶的基本手法

(一)打开茶叶罐的基本手法

双手大拇指和中指握住茶叶罐的罐身,食指抵住茶叶罐罐盖向上用力,盖子松动后,左手拿住茶叶罐,右手虎口向下,轻转出茶叶罐罐盖,顺势放到桌上。

(二)取茶的基本手法

左手拿起茶叶罐微微倾倒(以不倒出为宜),右手拿起茶则伸入茶叶罐,同时左手手腕前后转动,让茶叶转动到茶则里。此种取茶方法可避免干茶折断。

四、握杯的基本手法

右手虎口分开,大拇指与食指握杯两侧,中指抵住杯底,无名指及小指则自然弯曲。此种手法称为“三龙护鼎”。

五、茶巾折叠法

(一)长方形

用于杯、盖碗泡法,此法折叠茶巾呈长方形,又被称为八层式。具体折叠过程:将正方形的茶巾上下对折至中心线处,接着将左右两端竖折至中心线,最后将茶巾竖着对折即可,放茶巾时折口朝内。



(二)正方形

用于壶泡法,此法折叠茶巾呈正方形,又被称为九层式。具体折叠过程:将正方形的茶巾下端向上平折至茶巾2/3处,接着将茶巾对折,然后将茶巾右端向左竖折至2/3处,最后对折即成正方形,放茶巾时折口朝内。

# 学习情境2 红茶冲泡技艺

## 学习目标

认识红茶的特点,熟悉各种红茶;熟悉用以冲泡红茶的器皿,掌握红茶冲泡方式和技巧。

## 知识学习

### 一、认识红茶

红茶的鼻祖在中国,世界上最早的红茶由中国福建武夷山茶区的茶农发明,名为“正山小种”。红茶属全发酵茶，是以适宜的茶树新芽叶为原料，经萎凋、揉捻(切)、发酵、干燥等一系列工艺过程精制而成的茶。萎凋是红茶初制的重要工艺，红茶在初制时称为“乌茶”。红茶因其干茶冲泡后的茶汤和叶底色呈红色而得名。中国红茶品种主要有：祁红、川红、闽红、滇红等，尤以祁门红茶最为著名。从中国引种发展起来的印度、斯里兰卡的红茶也很有名。

## 二、红茶冲泡三要素

### (一)投茶量

红茶品饮，主要用清饮和调饮两种。清饮法：每克茶用水量以 50 ~ 60 毫升为宜，如选用红碎茶则每克茶叶用水量 70 ~ 80 毫升。调饮法：是在茶汤中加入调料，如加入糖、牛奶、柠檬、咖啡、蜂蜜等，茶叶的投放量，则可随品饮者的口味而定。

### (二)冲泡用水温度

泡茶水温的高低，与茶的老嫩、条形松紧有关。大致说来，茶叶原料粗老、紧实、整叶的，要比茶叶原料细嫩、松散、碎叶的茶汁浸出要慢得多，所以冲泡水温要高。对大宗红茶、花茶而言，由于茶芽加工原料适中，可用 90 ℃左右的开水冲泡。

### (三)浸泡时间

普通红茶，头泡茶以冲泡 3 分钟左右饮用为好，如想再饮，到杯中剩有 1/3 茶汤时，再续开水。

## 三、红茶冲泡程序

### (一)清饮法

#### 1. 备具

玻璃随手泡、紫砂壶、玻璃品茗杯、茶盘、茶荷、茶道组、茶巾等。(图 4-16)

图 4-16　备具

2. 赏茶

用茶则从茶叶罐中取出适量茶叶放入茶荷，双手奉给来宾，敬请欣赏干茶外形、色泽及嗅闻干茶香。（图 4-17）

图 4-17　赏茶



3. 温壶

以回旋的手法向壶内冲水，温壶后将水弃于茶海中。（图 4-18）

图 4-18　温壶

4. 温杯

将各品茗杯中注水，并温洗杯子。（图 4-19）

图 4-19　温杯

### 5. 置茶

用茶则取适量的茶直接投入壶中。(图 4-20)

图 4-20　置茶

### 6. 冲泡

以高冲水的方式向紫砂壶内冲水,水注八九分满,盖上盖泡。(图 4-21)

图 4-21　冲泡

7. 观色

将紫砂壶中茶汤先倒入一只小杯中，观杯中的茶汤色泽，判断茶叶的泡制程度。（图4-22）

图 4-22　观色



8. 分茶

分茶时以逆时针方向，第一杯倒二分满，第二杯倒四分满，第三杯倒六分满，第四杯倒八分满，然后以顺时针的方向回转分茶，直到每杯都七分满。（图 4-23）

图 4-23　分茶

9. 奉茶

双手将分好的茶敬奉给客人，行奉茶礼。（图 4-24）

图 4-24　奉茶

（二）调饮法

调饮泡法调味红茶主要有牛奶红茶、柠檬冰红茶、蜂蜜红茶、白兰地红茶等。红茶的冲泡方法与清饮壶泡法相似，只是要在茶汤中加入调味品，具体泡法如下：

1. 备具

按人数选用茶壶及与之相配的茶杯，茶杯多选用有柄带托的瓷杯，如制作冰红茶，也可选用透明的直筒玻璃杯或矮脚的玻璃杯；茶叶罐、烧水壶、羹匙等。

2. 洁具

将开水注入壶中，持壶摇数下，再依次倒入杯中，以洁净茶具。

3. 置茶

用茶匙从茶叶罐中拨取适量茶叶入壶，根据壶的大小，每 60 毫升左右水容量需要干茶 1 克（红碎茶每克需 70 ~ 80 毫升水）。

4. 冲泡

将 90 ℃左右的开水高冲入壶。

5. 分茶

静置 3 ~ 5 分钟后，提起茶壶，轻轻摇晃，使茶汤浓度均匀，滤去茶渣，一一倾茶入杯。随即加入牛奶和糖，或一片柠檬，或一二匙蜂蜜，或洒上少量白兰地。调味品用量的多少，可依每位宾客的口味而定。

6. 奉茶

持杯托礼貌地奉茶给宾客，杯托上须放一个羹匙。

7. 品饮

品饮时，须用茶匙调匀茶汤，进而闻香、尝味。

(三)表演程序

1. 一见如故(介绍茶具)

主泡茶具:玻璃盖碗两个,玻璃公道杯两个,玻璃品茗杯六个。茶叶及辅料:祁门红茶、牛奶、砂糖粉。

2. 洗净凡尘(温壶烫杯)

3. 喜遇知音(赏茶)

选用祁门红茶、辅料是牛奶和砂糖粉。

4. 十八相送(投茶)

5. 满目相思(冲茶)

6. 楼台相传(投入辅料)

将牛奶和砂糖粉分别投到两个公道杯中。

7. 化蝶双飞(出茶)

双手持盖碗并交叉,将茶汤同时出到装有辅料的两个公道杯中,此时的茶汤有如蝴蝶翩翩。



8. 冷暖相随(匀茶)

分别将两个公道杯轻轻旋转,使牛奶和砂糖粉融合到茶汤里。

9. 情满人间(分茶)

将两个公道杯调匀的茶汤,双手同时注入品茗杯中,并敬奉给嘉宾。

10. 一醉千年(品茶)

观汤色,闻香气,品滋味。红茶中伴有牛奶的丝滑和砂糖粉的甜味,有如梁祝的爱情故事,让世人醉了千年。

## 实训活动

活动名称:红茶冲泡技艺练习。

活动目的:能进行红茶的冲泡。

活动过程:分组进行红茶的冲泡技艺练习,并随机抽取几组进行展示,并进行组内点评和各组互评。

活动评价:请将检查结果填到表内。

活动时间:　　　　　　　　　　　　展示人员:

| 测评内容 | 测评标准 | 完成情况(优/良/中/差) |
| --- | --- | --- |
| 备具 | 器具清洁,摆放设计整齐美观 | |

续表

| 测评内容 | 测评标准 | 完成情况(优/良/中/差) |
| --- | --- | --- |
| 赏茶 | 姿态规范优美,眼神有交流,适当的语言描述 | |
| 温壶 | 手势正确,动作规范 | |
| 温杯 | 手势正确,动作规范 | |
| 置茶 | 投茶量适当 | |
| 冲泡 | 凤凰三点头动作优美,水流不断,水量均匀 | |
| 分茶 | 分茶均匀 | |
| 奉茶 | 面带微笑,礼貌规范 | |
| 整体印象 | 表情自然,动作连绵,行茶过程流畅 | |
| 茶汤质量 | 汤色均匀透亮,滋味香醇爽口 | |

## 知识拓展

### 世界四大红茶

一、中国之祁门红茶

祁门红茶,简称祁红,是我国传统工夫红茶的珍品,为历史名茶,出产于19世纪后期,是世界三大高香茶之一,有"茶中英豪""群芳最""王子茶"等美誉。祁门红茶依其品质高低分为1~7级,主要产于安徽省祁门县,与其毗邻的石台、至东、黟县及贵池等县也有少量生产,主要出口英国、荷兰、德国、日本、俄罗斯等几十个国家和地区,多年来一直是我国的国事礼茶。

二、印度之大吉岭红茶

大吉岭红茶产于印度西孟加拉省北部喜马拉雅山麓的大吉岭高原一带,它以5—6月的二号茶品质为最优,被誉为"红茶中的香槟"。大吉岭红茶拥有高贵的身份,其汤色橙黄,气味芬芳高雅,上品大吉岭红茶尤其带有葡萄香,口感细致柔和,适合春秋季饮用,也适合做成奶茶、冰茶及各种花式茶。其工艺是当时正山小种的工艺者带过去,并加以改造形成的。

三、斯里兰卡之乌沃茶

锡兰高地红茶以乌沃茶最著名,产于斯里兰卡山岳地带的东侧。斯里兰卡山岳地带的东侧常年云雾弥漫,由于冬季吹送的东北季风带来较多的雨量(11月至次年2月),不利茶园生产,所以以7—9月所获得的茶品质最优。西侧则因为受到夏季(5—8月)西南季风送雨的影响,所产的汀布拉茶和努沃勒埃利耶茶以1—3月收获的最佳。

四、印度之阿萨姆红茶

阿萨姆红茶，产于印度东北阿萨姆喜马拉雅山麓的阿萨姆溪谷一带。当地日照强烈，须另外种树为茶树适度遮蔽；由于雨量丰富，因此促进热带性的阿萨姆大叶种茶树蓬勃发育。以6—7月采摘的品质最优，但10—11月产的秋茶较香。阿萨姆红茶，茶叶外形细扁，色呈深褐；汤色深红稍褐，带有淡淡的麦芽香、玫瑰香，滋味浓，属烈茶，是冬季饮茶的最佳选择。

# 学习情境3 乌龙茶冲泡技艺

## 学习目标

认识乌龙茶的特点，熟悉各种乌龙茶；熟悉用以冲泡乌龙茶的器皿，掌握乌龙茶冲泡方式和技巧。



## 知识学习

### 一、认识乌龙茶

乌龙茶，亦称青茶，是中国几大茶类中，独具鲜明特色的茶叶品类。乌龙茶是经过杀青、萎凋、摇青、半发酵、烘焙等工序后制出的品质优异的茶类。乌龙茶由宋代贡茶龙团、凤饼演变而来，创制于1725年（清雍正年间）前后。品尝后齿颊留香，回味甘鲜。乌龙茶的药理作用，突出表现在分解脂肪、减肥健美等方面，乌龙茶为中国特有的茶类，主要产于福建的闽北、闽南及广东、台湾三个省。近年来四川、湖南等省也有少量生产。乌龙茶除了内销广东、福建等省外，主要出口日本、东南亚和港澳地区。

### 二、乌龙茶冲泡三要素

（一）投茶量

投茶量为主泡器具的1/4～1/3，冲泡乌龙茶茶与水之比例为1∶50～1∶60（即1克茶叶用水50～60毫升）为宜，这样冲泡出来的茶汤浓淡适中，口感鲜醇。

（二）冲泡用水温度

由于乌龙茶所选用的是较成熟的芽叶做原料，加之用茶量较大，所以须用100 ℃沸水直接冲泡。为了避免温度降低，在泡茶前要用开水烫热茶具，冲泡后还要用沸水淋壶加温，这样才能将茶汁充分浸泡出来。

（三）浸泡时间

乌龙茶用茶量比较大，又要经过沸水浇淋壶身，因此第一泡15秒左右即可将茶汤倒出，第二三泡时间在15～20秒，第四泡后每次可适当延长5秒，这样可使茶汤浓度不致相差太大。

## 三、乌龙茶冲泡程序

（一）基本程序

### 1. 备具

随手泡、茶盘、紫砂壶、茶海、滤网、闻香杯、品茗杯、茶道组、茶巾等。（图4-25）

图4-25　备具

### 2. 温壶

温壶是为了稍后放入茶叶冲泡热水时，不至于冷热悬殊。温壶后冲泡乌龙茶更能让乌龙茶的茶香发挥出来。（图4-26）

图4-26　温壶

3. 赏茶

用茶荷盛适量茶叶,请客人赏茶,并介绍茶叶的名称及特征。(图 4-27)

图 4-27 赏茶



4. 置茶

将乌龙茶轻轻拨入紫砂壶中,如紫砂壶口小可用茶漏扩大壶口以防止茶叶散落到壶外。(图 4-28)

图 4-28 置茶

5. 开香

此步骤也称为温润泡。由于乌龙茶多是球形的半发酵茶,所以应先温润泡将紧结的

干茶泡松散，好让茶香更快散发出来。将茶汤倒入闻香杯中备用。(图 4-29)

图 4-29　开香

6. 冲 泡

可用“凤凰三点头”手法以示对宾客的尊重。

7. 追 香

用温润泡的茶汤浇淋在紫砂壶上，提高壶身的温度。(图 4-30)

图 4-30　追香

8. 出 汤

将茶汤倒入茶海中。(图 4-31)

图 4-31　出汤

9. 斟茶

将茶汤斟到闻香杯中，注意茶量应为七分满。（图 4-32）

图 4-32　斟茶

10. 扣杯

将品茗杯倒扣在闻香杯上。（图 4-33）

图 4-33　扣杯

11. 翻杯

将倒扣的杯子翻转过来。(图 4-34)

图 4-34　翻杯

12. 奉茶

将茶杯敬奉给宾客。(图 4-35)

图 4-35　奉茶

**13. 闻香**

左手将茶杯端稳，用右手将闻香杯慢慢提起来，这时闻香杯中的热茶全部注入品茗杯中。喜闻高香，是品茶三闻中的头一闻，即请宾客闻一闻杯底留香。（图 4-36）

图 4-36　闻香

**14. 品茶**

用拇指、食指扶杯，中指托住杯底的姿势来端杯品茶。（图 4-37）

图 4-37　品茶

（二）表演程序

1. 活煮甘泉，神入茶境

首先营造一个祥和、肃穆、无比温馨的气氛。

2. 大彬沐浴，温壶烫盏

大彬沐浴就是用开水浇烫茶壶，其目的是洗壶和提高壶温。

3. 孔雀开屏，叶嘉酬宾

孔雀开屏是茶艺表演者给宾客介绍茶具，“叶嘉”是苏东坡对茶叶的美称。叶嘉酬宾，就是请大家鉴赏乌龙茶的外观形状。

4. 玉壶迎珠，乌龙入宫

将茶叶用茶匙拨入茶壶中，切勿将茶叶散落于茶盘上。

5. 春风拂面，壶外追香

春风拂面是指用壶盖轻轻地刮去茶壶表面的白色泡沫，使壶内的茶汤更加清澈洁净。品乌龙茶讲究“头泡汤，二泡茶，三泡、四泡是精华”。头一泡冲出的一般不喝，直接注入茶海。壶外追香使壶内外温度提高，更利茶香的散发。

6. 重洗仙颜，凤凰点头

重洗仙颜在这里寓为第二次冲泡，它有利于茶香的散发。茶艺表演者执壶冲水，犹如凤凰点头，再三向宾客致意。

7. 玉液回壶，再注甘露

将茶汤再次注入茶海中。

**8. 祥龙行雨,甘露普降**

将茶海中的茶汤快速均匀地依次注入闻香杯中,称为祥龙行雨,有“甘露普降”的吉祥之意。

**9. 龙凤呈祥,鲤鱼翻身**

闻香杯中斟满茶后,将品茗杯倒扣在闻香杯上,称为龙凤呈祥。

把扣合的杯子翻转过来,称为鲤鱼翻身。中国古代神话传说:鲤鱼翻身跃过龙门可化龙升天而去。

**10. 举杯齐眉,敬奉香茗**

将茶杯敬奉给宾客,举杯齐眉表示对宾客的尊重。

**11. 鉴赏双色,喜闻高香**

左手将茶杯端稳,用右手将闻香杯慢慢提起来,这时闻香杯中的热茶全部注入品茗杯中。喜闻高香,是品茶三闻中的头一闻,即请宾客闻一闻杯底留香。

**12. 三龙护鼎,三品奇茗**

用拇指、食指扶杯,中指托住杯底的姿势来端杯品茶。三根手指寓为三龙。三品奇茗:一口润喉,二口品茗,三口回味。



**13. 捧杯献礼,敬杯谢茶**

茶艺师再次向宾客敬礼。

## 实训活动

活动名称:乌龙茶冲泡技艺练习。

活动目的:能进行乌龙茶的冲泡。

活动过程:分组进行乌龙茶的冲泡技艺练习,随机抽取几组进行展示,并进行组内点评和各组互评。

活动评价:请将检查结果填到表内。

活动时间:　　　　　　　　　　　　　　　展示人员:

| 测评内容 | 测评标准 | 完成情况(优/良/中/差) |
| --- | --- | --- |
| 备具 | 器具清洁,摆放设计整齐美观 | |
| 赏茶 | 姿态规范优美,眼神有交流,适当的语言描述 | |
| 温壶 | 手势正确,动作规范 | |
| 置茶 | 投茶量适当 | |
| 开香 | 注水均匀,水量适当,水流紧贴杯壁,动作优美 | |
| 冲泡 | 凤凰三点头动作优美,水流不断,水量均匀 | |

续表

| 测评内容 | 测评标准 | 完成情况(优/良/中/差) |
| --- | --- | --- |
| 追香 | 动作优美 | |
| 出汤 | 动作优美 | |
| 斟茶 | 每杯的茶量适宜 | |
| 扣杯 | 动作轻,不发出声响,不倒杯 | |
| 翻杯 | 茶汤不洒落 | |
| 奉茶 | 面带微笑,礼貌规范 | |
| 闻香 | 动作自然、优美 | |
| 品茗 | 有一定鉴赏力 | |
| 整体印象 | 表情自然,动作连绵,行茶过程流畅 | |
| 茶汤质量 | 汤色均匀透亮,滋味香醇爽口 | |

## 知识拓展



### 铁观音的分类

铁观音茶,原产于福建省安溪县感德镇,发现于1725—1735年,属于乌龙茶类,是中国十大名茶之一。介于绿茶和红茶之间,属于半发酵茶类,铁观音独具"观音韵",清香雅韵,"七泡余香溪月露　满心喜乐岭云涛"。近年来,它广受茶友的喜爱。

铁观音成品依发酵程度和制作工艺,大致可以分清香型、浓香型、陈香型三大类型。

清香型铁观音:清香型口感比较清淡、舌尖略带微甜,偏向现代工艺制法,目前在市场上的占有量最多。清香型铁观音颜色翠绿,汤水清澈,香气馥郁,花香明显,口味醇正。由于新茶性寒,不可过多饮用,否则会有一定程度的伤胃、失眠。

浓香型铁观音:浓香型口味醇厚、香气高长、比较重回甘,是传统工艺炒制的茶叶经烘焙再加工而成产品。浓香型铁观音具有"香、浓、醇、甘"等特点,色泽乌亮,汤色金黄,香气纯正、滋味厚重,相对清香型而言,浓香型铁观音性温,有止渴生津、健脾暖胃等功效。

陈香型铁观音:陈香型又称老茶或熟茶,由浓香型或清香型铁观音经长时间储存,并反复再加工而成,亦属半发酵茶叶。陈香型铁观音具有"厚、醇、润、软"等特点,表现为色泽乌黑,汤水浓郁,绵甜甘醇,沉香凝韵。其特质和口味接近普洱茶及红茶、黑茶,不仅口感浓厚、甘醇、爽滑,而且有沉重的历史与文化沉淀。

炭焙的铁观音,是铁观音浓香的一种,这也是成品乌龙茶加工的最后一道改变质量的工序，是铁观音清香型的茶叶在经过用木炭焙制，现在用木炭的比较少。焙制的时间，次数与火候看个人喜好的口感和市场需求而定。

## 学习情境4 黑茶冲泡技艺

### 学习目标

认识黑茶的特点；熟悉冲泡黑茶的器具，掌握黑茶冲泡的方式和技巧。

### 知识学习

#### 一、认识黑茶

黑茶类属后发酵茶，这类茶多半销往俄罗斯或我国边疆地区为主；大部分内销，少部分销往海外，因此，习惯把黑茶制成的紧压茶称为边销茶。例如最具代表性的普洱茶，性温和，味回甘。我国的普洱茶产于云南普洱县，具有降低血脂、减肥、抑菌、助消化、暖胃、生津止渴、醒酒解毒等功效。本节“黑茶的冲泡技艺”以普洱茶作为代表茶种。

#### 二、黑茶冲泡三要素

（一）投茶量

以普洱散茶为例，一般选用盖碗冲泡，投茶量为5～8克，如用小壶冲泡，茶叶投放三四成即可。

（二）冲泡用水温度

由于黑茶所选用的是较成熟的芽叶做原料，属后发酵茶，加之用茶量较大，所以须用100℃沸水直接冲泡。用粗老原料加工而成砖茶，即使用100℃的沸水冲泡，也很难将茶汁浸泡出来，所以，喝砖茶时，须先将打碎的砖茶放入容器中，加入一定数量的水，再经煎煮，方能饮用。

（三）浸泡时间

用盖碗或壶冲泡时，用茶量较大，可15～20秒出汤。

#### 三、黑茶冲泡程序

1. 备具

随手泡、茶盘、紫砂壶、茶海、滤网、闻香杯、品茗杯、茶道组、茶巾等。（图4-38）

图 4-38　备具

2. 温壶

冲泡普洱茶要用 100 ℃的开水，在烧水时应急火快攻。将紫砂壶用开水浇淋，提高壶身温度。（图 4-39）

图 4-39　温壶

3. 赏茶

普洱茶在冲泡前应先闻干茶香，以陈香明显者优，有霉味异味者为下品。（图 4-40）

图 4-40　赏茶

4. 投茶

投茶时注意不要将茶叶散落到紫砂壶外。(图 4-41)

图 4-41　投茶

5. 洗茶

陈年普洱茶是生茶在干仓经过多年陈化而成,在冲泡时,头一泡茶一般不喝,洗两遍茶。(图 4-42)

图 4-42　洗茶

6. 冲泡

冲泡即向杯中冲入开水,开水入杯后茶汤颜色慢慢加深,头一泡到枣红色即止。(图 4-43)

图 4-43　冲泡

7. 斟茶

茶道面前，人人平等。将茶汤先倒入公道杯，然后再用公道杯斟茶。倒茶讲究，茶倒七分满，留作三分情，茶汤浓淡一致、多少均等。(图 4-44)

图 4-44　斟茶

8. 奉茶

通过齐眉捧杯众传盅，敬奉香茗。(图 4-45)

图 4-45　奉茶

9. 谢茶

优质陈年普洱只要冲泡得法，可泡十几泡以上，并且每一道的茶香、滋气、水性均各有特点，让人品时爱不释手。(图 4-46)

图 4-46　谢茶

## 实训活动

活动名称：黑茶冲泡技艺练习。

活动目的：能进行黑茶的冲泡。

活动过程：分组进行黑茶的冲泡技艺练习，随机抽取几组进行展示，并进行组内点评和各组互评。

活动评价：请将检查结果填到表内。

活动时间：　　　　　　　　　　　　展示人员：

| 测评内容 | 测评标准 | 完成情况(优/良/中/差) |
|---|---|---|
| 备具 | 器具清洁，摆放设计整齐美观 | |
| 温壶 | 手势正确，动作规范 | |
| 赏茶 | 姿态规范，眼神有交流，适当的语言描述 | |
| 投茶 | 投茶量适当 | |
| 洗茶 | 注水均匀，水量适当，水流紧贴杯壁，动作优美 | |
| 冲泡 | 三点头动作优美，水流不断，水量均匀 | |
| 斟茶 | 茶量适宜，七分满 | |
| 奉茶 | 面带微笑，礼貌规范 | |
| 谢茶 | 面带微笑，礼貌规范 | |
| 整体印象 | 表情自然，动作连绵，行茶过程流畅 | |
| 茶汤质量 | 汤色均匀透亮，滋味香醇爽口 | |



## 知识拓展

### 辨别生茶与熟茶的方法

一、从茶汤颜色区分

生茶所泡出的茶汤颜色为透明的黄绿色或金黄色；熟茶的茶汤则为板栗色或红褐色，甚至近似黑色，如发酵不充分则还会有点淡黄色。生茶的陈茶随着发酵程度的加深，茶汤的黄色变淡，红色加深，最后变得红浓明亮，茶汤表面还会有油气。

二、从颜色上区分

生茶通常是黄绿色，老的生茶呈墨绿色；熟茶则是红褐色，甚至是黑色，这主要是受渥堆发酵程度的影响，并且新生产的熟茶还会有点灰蒙蒙的感觉。自然发酵的生茶则随着发酵进行，出现叶边、茶梗发红、发紫，然后逐步变红，黄绿色逐步消失，最后变为板栗色或红褐色，并有油亮的感觉。

三、从气味上区分

生茶闻起来是茶叶本身的清香味，熟茶则是一种特殊的陈香味，若是湿仓陈茶或渥堆发酵没掌握好的还会有点霉味。

四、从口感上区分

生茶的味道和绿茶很相似，有苦涩味；熟茶的滋味是甘滑柔顺，绵甜爽口，有明显回甘。

五、从营养、功效上区分

生茶富含茶多酚，抗辐射，防癌，性属清凉，有清热、消暑、解毒、止渴生津、消食、通便等功效。熟茶经发酵后，在酶的作用下，又产生了不少新的营养物质，因此在普通茶的基础上，又有了更多功效，如降脂、减肥、降血压、抗动脉硬化、防癌、抗癌、养胃护胃、健牙护齿、消炎、杀菌、抗衰老等。

## 项目回顾

1. 用玻璃杯冲泡绿茶可用哪三种方法？
2. 什么茶常被人们用于调饮？
3. 乌龙茶的表演程序有哪些？
4. 泡茶三要素指的是哪三个要素？

## 学茶随记

# 附录1
# 中国十大名茶的传说

## 一、西湖龙井

传说乾隆下江南时，来到杭州龙井狮峰山下，看乡女采茶，以示体察民情。这天，乾隆看见几个乡女正在十多棵绿荫荫的茶树前采茶，心中一乐，也学着采了起来。刚采了一把，忽然太监来报："太后有病，请皇上急速回京。"乾隆听说太后娘娘有病，随手将一把茶叶向袋内一放，日夜兼程赶回京城。其实太后只因山珍海味吃多了，一时肝火上升，双眼红肿，胃里不适，并没有大病。此时见皇儿来到，只觉一股清香传来，便问带来什么好东西。皇帝也觉得奇怪，哪来的清香呢？他随手一摸，啊，原来是杭州狮峰山的一把茶叶，几天过后已经干了，浓郁的香气就是它散出来了。太后便想尝尝茶叶的味道，宫女将茶泡好，茶送到太后面前，果然清香扑鼻，太后喝了一口，双眼顿时舒适多了，喝完了茶，红肿消了，胃不胀了。太后高兴地说："杭州龙井的茶叶，真是灵丹妙药。"乾隆见太后这么高兴，立即传令下去，将杭州龙井狮峰山下胡公庙前那十八棵茶树封为御茶，每年采摘新茶，专门进贡太后。至今，杭州龙井村胡公庙前还保存着这十八棵"御茶"，到杭州的旅游者中有不少还专程去拜访一番，拍照留念。

龙井茶（中国十大名茶之一）、虎跑泉素称"杭州双绝"。虎跑泉是怎样来的呢？据说很早以前有兄弟二人，名叫大虎和二虎。二人力大过人，有一年二人来到杭州，想安家住在现在虎跑的小寺院里。和尚告诉他俩，这里吃水困难，要翻几道岭去挑水，兄弟俩说，只要能住，挑水的事我们包了，于是和尚收留了兄弟俩。有一年夏天，天旱无雨，小溪也干涸了，吃水更困难了。一天，兄弟俩想起流浪时曾经过南岳衡山的"童子泉"，如能将童子泉移来杭州就好了。兄弟俩决定要去衡山移来童子泉，一路奔波，到衡山脚下时就昏倒了，狂风暴雨发作，风停雨住过后，他俩醒来，只见眼前站着一位手拿柳枝的小童，这就是管"童子泉"的小仙人。小仙人听了他俩的诉说后用柳枝一指，水洒在他俩身上，霎时，兄弟二人变成两只斑斓老虎，小仙人跃上虎背。老虎仰天长啸一声，带着"童子泉"直奔杭州而去。老和尚和村民们夜里做了一个梦，梦见大虎、二虎变成两只猛虎，把"童子泉"移到了杭州，天亮就有泉水了。第二天，天空霞光万朵，两只老虎从天而降，猛虎在寺院旁的竹园里，前爪刨地，不一会儿就刨了一个深坑，突然狂风暴雨大作，雨停后，只见深坑里涌出一股清泉，大家明白了，肯定是大虎和二虎给他们带来的泉水。为了纪念大虎和二虎，他们给泉水起名叫"虎刨泉"。后来为了顺口就叫"虎跑泉"。用虎跑泉泡龙井茶，色香味绝佳，在现今的虎跑茶艺馆，就可品尝到这"双绝"佳饮。

## 二、黄山毛峰

黄山位于安徽省南部，是著名的游览胜地，而且群山之中所产名茶“黄山毛峰”，品质优异。讲起这种珍贵的茶叶，还有一段有趣的传说呢！明朝天启年间，江南黟县新任县官熊开元带书童来黄山春游，迷了路，遇到一位腰挎竹篓的老和尚，便借宿于寺院中。长老泡茶敬客时，知县细看这茶叶色微黄，形似雀舌，身披白毫，开水冲泡下去，只见热气绕碗边转了一圈，转到碗中心就直线升腾，约有一尺高，然后在空中转一圆圈，化成一朵白莲花。那白莲花又慢慢上升化成一团云雾，最后散成一缕缕热气飘荡开来，清香满室。知县问后方知此茶名叫黄山毛峰，临别时长老赠送此茶一包和黄山泉水一葫芦，并嘱一定要用此泉水冲泡才能出现白莲奇景。熊知县回县衙后正遇同窗旧友太平知县来访，便将冲泡黄山毛峰表演了一番。太平知县甚是惊喜，后来到京城禀奏皇上，想献仙茶邀功请赏。皇帝传令进宫表演，然而不见白莲奇景出现，皇上大怒，太平知县只得据实说道乃黟县知县熊开元所献。皇帝立即传令熊开元进宫受审，熊开元进宫后方知未用黄山泉水冲泡之故，讲明缘由后请求回黄山取水。熊知县来到黄山拜见长老，长老将山泉交付予他。在皇帝面前再次冲泡玉杯中的黄山毛峰，果然出现了白莲奇观，皇帝看得眉开眼笑，便对熊知县说道：“朕念你献茶有功，升你为江南巡抚，三日后就上任去吧。”熊知县心中感慨万千，暗忖道“黄山名茶尚且品质清高，何况为人呢？”于是脱下官服玉带，来到黄山云谷寺出家做了和尚，法名正志。如今在苍松入云、修竹夹道的云谷寺下的路旁，有一檗庵大师墓塔遗址，相传就是正志和尚的坟墓。



## 三、铁观音

安溪是福建省东南部靠近厦门的一个县，是闽南乌龙茶的主产区，种茶历史悠久，唐代已有茶叶出产。安溪境内雨量充沛，气候温和，适宜于茶树的生长，而且经历一代代茶人的辛勤劳动，选育繁殖了一系列茶树良种，目前境内保存的良种有60多个，铁观音、黄旦、本山、毛蟹、大叶乌龙、梅占等都属于全国知名良种。因此安溪有“茶树良种宝库”之称。在众多的茶树良种中，品质最优秀、知名度最高的要数“铁观音”了。

铁观音原产安溪县西坪镇，已有200多年的历史，关于铁观音品种的由来，在安溪还流传着这样一个故事：相传在清乾隆年间，安溪西坪上尧茶农魏饮制得一手好茶，他每日晨昏泡茶三杯供奉观音菩萨，十年从不间断，可见礼佛之诚。一夜，魏饮梦见在山崖上有一株透发兰花香味的茶树，正想采摘时，一阵狗吠把好梦惊醒。第二天果然在崖石上发现了一株与梦中一模一样的茶树。于是采下一些芽叶，带回家中，精心制作。制成之后茶味甘醇鲜爽，精神为之一振。魏饮认为这是茶之王，就把这株茶挖回家进行繁殖。几年之后，茶树长得枝叶茂盛。因为此茶美如观音重如铁，又是观音托梦所获，就叫它“铁观音”。从此铁观音就名扬天下。铁观音是乌龙茶的极品，其品质特征是：茶条弯曲，肥壮圆结，沉重匀整，色泽砂绿，整体形状似蜻蜓头、螺旋体、青蛙腿。冲泡后汤色黄绿浓艳似琥珀，有天然馥郁的兰花香，滋味醇厚甘鲜，回甘悠久，俗称有“音韵”。茶香高而持久，可谓“七泡有余香”。

## 四、大红袍

大红袍是福建省武夷岩茶中的名枞珍品。武夷山栽种的茶树,品种繁多,有大红袍、铁罗汉、白鸡冠、水金龟“四大名枞”。大红袍的来历传说很久远,古时,有一穷秀才上京赶考,路过武夷山时,病倒在路上,幸被天心庙老方丈看见,泡了一碗茶给他喝,果然病就好了,后来秀才金榜题名,中了状元,还被招为东床驸马。一个春日,状元来到武夷山谢恩,在老方丈的陪同下,前呼后拥,到了九龙窠,但见峭壁上长着三株高大的茶树,枝叶繁茂,吐出一簇簇嫩芽,在阳光下闪着紫红色的光泽,煞是可爱。老方丈说,去年你犯鼓胀病,就是用这种茶叶泡茶治好的。很早以前,每逢春日茶树发芽时,就鸣鼓召集群猴,穿上红衣裤,爬上绝壁采下茶叶,炒制后收藏,可以治百病。状元听了要求采制一盒进贡皇上。第二天,庙内烧香点烛、击鼓鸣钟,召来大小和尚,向九龙窠进发。众人来到茶树下焚香礼拜,齐声高喊“茶发芽!”然后采下芽叶,精工制作,装入锡盒。状元带了茶进京后,正遇皇后肚疼鼓胀,卧床不起。状元立即献茶让皇后服下,果然茶到病除。皇上大喜,将一件大红袍交给状元,让他代表自己去武夷山封赏。一路上礼炮轰响,火烛通明,到了九龙窠,状元命一樵夫爬上半山腰,将皇上赐的大红袍披在茶树上,以示皇恩。说也奇怪,等掀开大红袍时,三株茶树的芽叶在阳光下闪出红光,众人说这是大红袍染红的。后来,人们就把这三株茶树叫作“大红袍”了。有人还在石壁上刻了“大红袍”三个大字。从此大红袍就成了年年岁岁的贡茶。



## 五、君山银针

湖南省洞庭湖的君山出产银针名茶,据说君山茶的第一颗种子还是4 000多年前娥皇、女英播下的。后唐的第二个皇帝明宗李嗣源,第一回上朝的时候,侍臣为他捧杯沏茶,开水向杯里一倒,马上看到一团白雾腾空而起,慢慢地出现了一只白鹤。这只白鹤对明宗点了三下头,便朝蓝天翩翩飞去了。再往杯子里看,杯中的茶叶都整齐地悬空竖了起来,就像一个个破土而出的春笋。过了一会儿,又慢慢下沉,就像是雪花坠落一般。明宗感到很奇怪,就问侍臣是什么原因。侍臣回答说“这是君山的白鹤泉(即柳毅井)水泡黄翎毛(即银针茶)的缘故”。明宗心里十分高兴,立即下旨把君山银针定为“贡茶”。君山银针冲泡时,棵棵茶芽立悬于杯中,极为美观。

## 六、白毫银针

福建省东北部的政和县盛产一种名茶,色白如银形如针,据说此茶有明目降火的奇效,可治“大火症”,这种茶就叫“白毫银针”。

传说很早以前有一年,政和一带久旱不雨,瘟疫四起,在洞宫山上的一口龙井旁有几株仙草,草汁能治百病。很多勇敢的小伙子纷纷去寻找仙草,但都有去无回。有一户人家,家中有兄妹三人,分别叫志刚、志诚和志玉。三人商定轮流去找仙草。这一天,大哥来到洞宫山下,这时路旁走出一位老爷爷告诉他说仙草就在山上龙井旁,上山时只能向前不能回头,否则采不到仙草。志刚一口气爬到半山腰,只见满山乱石,阴森恐怖,但忽听一声大喊“你敢往上闯!”志刚大惊,一回头,立刻变成了这乱石岗上的一块新石头。志诚接着去找仙草。在爬到半山腰时由于回头也变成了一块巨石。找仙草的重任终于落到了志玉的头上。她出发后,途中也遇见白发爷爷,同样告诉她千万不能回头的话,且送她一块烤糍粑,志玉谢后继续往前走,来到乱石岗,奇怪的声音四起,她用糍粑塞住耳朵,坚决不回头,终于爬上山顶来到龙井旁,采下仙草上的芽叶,并用井水浇灌仙草,仙草开花结子,志玉采下种子,立即下山。回乡后将种子种满山坡。这种仙草便是茶树,这便是白毫银针名茶的来历。

## 七、白牡丹茶

福建省福鼎县盛产白牡丹茶,传说在西汉时期,有位名叫毛义的太守,因看不惯贪官当道,于是弃官随母去深山老林归隐。母子俩来到一座青山前,只觉得异香扑鼻,经探问一位老者,得知香味来自莲花池畔的十八棵白牡丹,母子俩见此处似仙境一般,便留了下来。一天,母亲因年老加之劳累,病倒了。毛义四处寻药。一天毛义梦见了白发银须的仙翁,仙翁告诉他:"治你母亲的病须用鲤鱼配新茶,缺一不可。"这时正值寒冬季节,毛义到池塘里捅冰捉到了鲤鱼,但冬天到哪里去采新茶呢？正在为难之时,那十八棵牡丹竟变成了十八棵仙茶,树上长满嫩绿的新芽叶。毛义立即采下晒干,白毛茸茸的茶叶竟像是朵朵白牡丹花。毛义立即用新茶煮鲤鱼给母亲吃,母亲的病果然好了。后来就把这一带产的名茶叫作"白牡丹茶"。

## 八、茉莉花茶

很早以前北京茶商陈古秋同一位品茶大师研究北方人喜欢喝什么茶,陈古秋忽想起有位南方姑娘曾送给他一包茶叶未品尝过,便寻出请大师品尝。冲泡时,碗盖一打开,先是异香扑鼻,接着在冉冉升起的热气中,看见有一位美貌姑娘,两手捧着一束茉莉花,一会儿工夫又变成了一团热气。陈古秋不解就问大师,大师说:"这茶乃茶中绝品'报恩茶'。"陈古秋想起三年前去南方购茶住客店遇见一位孤苦伶仃少女的经历,那少女诉说家中停放着父亲尸身,无钱殡葬,陈古秋深为同情,便取了一些银子给她。三年过去,今春又去南方时,客店老板转交给他这一小包茶叶,说是三年前那位少女交送的。当时未冲泡,谁料是珍品。"为什么她独独捧着茉莉花呢?"两人又重复冲泡了一遍,那手捧茉莉花的姑娘又再次出现。陈古秋一边品茶一边悟道:"依我之见,这是茶仙提示,茉莉花可以入茶。"次年便将茉莉花加到茶中,从此便有了一种新茶类茉莉花茶。

## 九、碧螺春

相传很早以前,西洞庭山上住着一位名叫碧螺的姑娘,东洞庭山上住着一个名叫阿祥的小伙子。两人深深相爱着。有一年,太湖中出现一条凶恶残暴的恶龙,扬言要娶碧螺姑娘,阿祥决心与恶龙决一死战。一天晚上,阿祥操起渔叉,潜到西洞庭山同恶龙搏斗,直到斗了七天七夜,双方都筋疲力尽了,阿祥昏倒在血泊中。碧螺姑娘为了报答阿祥的救命之恩,她亲自照料阿祥。可是阿祥的伤势一天天恶化。一天,姑娘找草药来到了阿祥与恶龙搏斗的地方,忽然看到一棵小茶树长得特别好,心想:这可是阿祥与恶龙搏斗的见证,应该把它培育好。至清明前后,小茶树长出了嫩绿的芽叶,碧螺采摘了一把嫩梢,回家泡给阿祥喝。说也奇怪,阿祥喝了这茶,病居然一天天好起来了。阿祥得救了,姑娘心上沉重的石头也落了地。就在两人陶醉在爱情的幸福中时,碧螺的身体再也支撑不住,她倒在阿祥怀里,再也睁不开双眼。阿祥悲痛欲绝,就把姑娘埋在洞庭山的茶树旁。从此,他努力培育茶树,采制名茶。“从来佳茗似佳人”,为了纪念碧螺姑娘,人们就把这种名贵茶叶取名为“碧螺春”。

## 十、冻顶乌龙茶

据说台湾冻顶乌龙茶是一位叫林凤池的台湾人从福建武夷山把茶苗带到台湾种植而发展起来的。林凤池祖籍福建。一年,他听说福建要举行科举考试,想去参加,可是家穷没路费。乡亲们纷纷捐款。临行时,乡亲们对他说:“你到了福建,可要向咱祖家的乡亲们问好呀,说咱们台湾乡亲十分怀念他们。”林凤池考中了举人,几年后,决定回台湾探亲,顺便带了36棵乌龙茶苗回台湾,种在了南投鹿谷乡的冻顶山上。经过精心培育、繁殖,建成了一片茶园,所采制之茶清香可口。后来林凤池奉旨进京,他把这种茶献给了道光皇帝,皇帝饮后称赞好茶。因这茶是台湾冻顶山采制的,就叫作冻顶茶。从此台湾乌龙茶也叫“冻顶乌龙茶”。

# 附录2

# 《茶艺师》职业标准

## 一、职业概况

(一)职业名称

茶艺师。

(二)职业定义

茶艺师是茶叶行业中具有茶叶专业知识和茶艺表演、服务、管理技能等综合素质的专职技术人员。

## 二、职业等级

依照《中华人民共和国职业分类大典》的规定,茶艺师职业共分为:

1. 五级(初级)能熟练、规范地演示多种清饮茶、调饮茶的泡饮并能向顾客提供该项技能的服务,同时能向服务对象介绍或交流茶叶基础知识、主要名茶的选择及常用茶品鉴别、保管知识、茶文化历史发展过程及现状等知识。

2. 四级(中级)能掌握各类常用茶的审评、鉴别技能;掌握品茗环境的设计和布置、茶具选配、茶艺表演等专业技能;会演示多种茶品的冲泡技艺;能了解中国茶道发展演变及其精神的内涵,以及熟悉有代表性的茶诗、词、赋、文及世界其他一些国家和地区的茶道、茶艺发展概况;并能进行一般的茶馆经营和管理。

3. 三级(高级)具有一定的茶艺英语对话能力;能准确鉴赏有代表性的各类名茶和紫砂茶具艺术;以熟练的技艺,科学而艺术地演示时尚茶艺和进行创意性的茶席设计;具有策划、实施各类茶会的能力;并能对低一级茶艺师进行培训和辅导。

## 三、职业能力特征

(一)一般能力

有学习、领会和理解茶叶专业知识和茶文化理论知识的能力。

(二)感官能力

1. 在视觉上能准确识别茶形、茶色;

2. 在听觉上能辨识一般的民族乐声;

3. 在嗅觉上能识别茶的香气高低和香气类型;

4. 在味觉上能鉴别各类茶汤的滋味。

(三)表达能力

能有效地运用普通话和简单英语及文字与他人进行茶叶和茶文化知识的交流。

(四)计划能力

能运用数字进行基本的运算,并作出技术和工作的安排。

(五)形体能力

能优美地运用肢体语言进行茶技、茶艺和茶道的表演。

(六)手指能力

无残缺,能灵活、优美地进行茶的泡饮操作和演示。

(七)具有一定的艺术素养

## 四、基本文化程度

初中。

## 五、鉴定要求

(一)适用对象

从事或准备从事茶业的人员。



(二)申报条件

参照《重庆市职业技能鉴定申报条件》及其相关规定执行。

(三)鉴定方式

按非一体化鉴定模式进行。考试成绩实行百分制,成绩达60分为合格。

(四)鉴定场所设备(各等级设备条件相同)

1. 茶艺演示需具备的茶船、茶叶、全套茶具、水、电煮水器、音响及辅料;
2. 茶叶审评需具备的审评台(干评台、湿评台)、茶叶、茶叶审评具、水、电煮水器。

附录3

# 各级茶艺师工作标准

## 一、茶艺师(五级)

| 职业功能 | 工作内容 | 技能要求 | 专业知识要求 | 比重 |
| --- | --- | --- | --- | --- |
| 一 | (一)认识茶的起源和发展 | 1. 了解茶从药用到饮用的发展过程<br>2. 了解茶在我国国民经济中的重要地位和作用 | 1. 我国发现和利用茶的历史知识<br>2. 茶作为人们生活资料的知识<br>3. 我国各产茶区的种制特点、地域文化及茶类 | 4% |
| | (二)认识茶的栽培和加工 | 1. 了解茶树的特征和特性<br>2. 了解茶叶的采摘时间和方法<br>3. 了解不同茶类的加工方法 | 1. 茶园管理知识<br>2. 茶叶采摘知识<br>3. 茶叶分类知识<br>4. 茶叶加工知识 | 4% |
| 二 | (一)认识中国茶文化发展史 | 1. 了解中国茶文化的含义和特征<br>2. 了解中国茶文化与中国传统文化的关系<br>3. 了解中国茶文化在各个历史时期的表现形式及特征 | 1. 中国茶文化发展史<br>2. 中国茶文化在各个历史时期的表现形式及特征<br>3. 佛、道、儒的文化内涵对中国茶文化的影响 | 6% |
| | (二)认识我国茶文化发展史 | 1. 了解我国民间饮茶习俗及特色<br>2. 了解我国现代茶文化兴衰的具体表现及原由 | 1. 我国茶文化的历史资源<br>2. 我国现代茶文化的发展史迹 | 6% |
| 三 | (一)泡茶与品茶 | 1. 清饮茶的冲泡要领<br>2. 调饮茶的冲泡要领<br>3. 品茶程序与技艺 | 1. 清饮茶冲泡基础知识<br>2. 调饮茶冲泡基础知识<br>3. 科学泡茶与饮茶 | 40% |
| | (二)认识茶艺基础知识 | 1. 了解茶艺的含义与特点<br>2. 区分茶艺与茶技、茶道的不同表现形式<br>3. 茶艺表演的形象与气质要求 | 1. 中国茶艺基本知识<br>2. 中国茶艺表演语汇<br>3. 茶艺表演的美学价值 | 18% |

续表

| 职业功能 | 工作内容 | 技能要求 | 专业知识要求 | 比重 |
| --- | --- | --- | --- | --- |
| 四 | (一)茶品选择 | 1. 了解名优茶的含义与特征<br>2. 掌握名优茶的分类方法 | 1. 名优茶基本知识<br>2. 名优茶分类方法 | 5% |
| | (二)茶叶保管 | 1. 了解茶叶保管的环境要求<br>2. 了解茶叶包装的种类与要求<br>3. 茶叶的贮藏方法 | 1. 茶叶特性与环境的关系<br>2. 茶叶贮藏与保管知识 | 5% |
| 五 | (一)茶馆礼仪 | 1. 迎宾礼仪<br>2. 接待礼仪<br>3. 奉茶礼仪<br>4. 送客礼仪 | 1. 礼仪与传统文化知识<br>2. 茶馆礼仪知识 | 3% |
| | (二)茶馆服务 | 1. 了解茶馆规范服务标准<br>2. 掌握茶馆规范服务达标要求 | 1. 茶馆行业规范服务标准<br>2. 茶馆规范服务达标要求 | 3% |
| 相关基础知识 | 1. 国家茶叶检测标准<br>2. 餐饮行业服务规范<br>3. 国家食品卫生法规<br>4. 相关的历史、文学、艺术知识 | | | 6% |

## 二、茶艺师(四级)

| 职业功能 | 工作内容 | 技能要求 | 专业知识要求 | 比重 |
| --- | --- | --- | --- | --- |
| 一 | (一)认识茶叶标准 | 1. 了解制定茶叶标准的意义<br>2. 了解制定茶叶标准的内容 | 国家制定茶叶标准的相关知识 | 5% |
| | (二)茶叶审评 | 1. 了解茶叶审评的作用及专业术语<br>2. 正确运用茶叶审评的设备和用具<br>3. 掌握茶叶审评的方法 | 茶叶审评基础知识 | 5% |
| 二 | (一)认识中国茶道知识 | 1. 了解中国茶道的内容和形式<br>2. 了解中国茶道的形成和发展<br>3. 了解中国茶道对日本、韩国等国家的传播及影响 | 1. 中国茶道的基本理论<br>2. 陆羽《茶经》的内容<br>3. 中国茶道对外传播的知识 | 5% |
| | (二)茶文化艺术品赏析 | 1. 茶文、茶诗赏析<br>2. 茶书、茶画赏析<br>3. 茶舞、茶乐赏析 | 中国各个时期的茶文化艺术品 | 5% |

续表

| 职业功能 | 工作内容 | 技能要求 | 专业知识要求 | 比重 |
| --- | --- | --- | --- | --- |
| 三 | （一）泡茶用水选择 | 1. 了解用水标准及茶与水的关系<br>2. 了解不同泡茶用水对茶汤的影响<br>3. 识别不同的泡茶用水 | 1. 用水标准内容<br>2. 泡茶用水知识 | 5% |
| | （二）茶艺表演 | 1. 茶艺表演的形象和气质体现<br>2. 肢体语言优美、和谐的体现<br>3. 相关艺术形式的合理运用 | 1. 茶艺表演的形象和气质要求<br>2. 动作学基础理论知识<br>3. 相关艺术的知识 | 40% |
| 四 | （一）茶具分类 | 1. 了解茶器具专用化、细分化的由来<br>2. 掌握茶器具的分类原则 | 1. 中国茶具发展史<br>2. 茶具分类的基本原则 | 4% |
| | （二）茶具组合 | 1. 掌握茶器具与茶的关系<br>2. 掌握茶具组合的基本方法<br>3. 茶器具的清洁与保养 | 1. 中国历代咏茶赏器知识<br>2. 茶具组合的一般范例<br>3. 茶器具的清洁与保养知识 | 4% |
| 五 | （一）茶馆管理 | 1. 了解茶馆的一般组织结构和管理制度<br>2. 掌握茶馆管理的基本要求和方法 | 1. 茶馆管理基础知识<br>2. 有关法律、法规条文 | 4% |
| | （二）茶馆营销 | 1. 掌握消费者的不同需求<br>2. 掌握茶馆营销的基本方法<br>3. 掌握茶馆营销的一般策略 | 1. 市场调查的基本知识<br>2. 现代茶馆的营销策略和方法 | 4% |
| 六 | （一）品茗环境选择 | 1. 了解不同风格的品茗环境<br>2. 了解不同形式的品茗环境 | 1. 不同风格的茶馆环境知识<br>2. 不同形式的茶馆环境知识 | 3% |
| | （二）品茗环境布置 | 1. 掌握品茗的室外环境布置<br>2. 掌握品茗的室内环境布置 | 1. 品茗的室外环境要求<br>2. 品茗的室内环境要求 | 3% |
| 七 | （一）认识茶叶的营养和药用成分 | 1. 了解茶叶的各种营养成分<br>2. 了解茶叶的各种药用成分 | 1. 茶叶营养知识<br>2. 茶叶药用知识 | 4% |
| | （二）认识饮茶的保健功效 | 1. 了解茶叶的各种保健功效<br>2. 了解茶叶的各种防病功能 | 1. 茶叶保健知识<br>2. 茶叶防病知识 | 4% |

续表

<table>
<tr><th>职业功能</th><th>工作内容</th><th>技能要求</th><th>专业知识要求</th><th>比重</th></tr>
<tr><td>相关基础知识</td><td colspan="3">1. 国家茶叶制定标准<br>2.《食品卫生法》<br>3.《消费者权益保护法》<br>4.《价格法》<br>5. 相关的艺术形式基本知识</td><td>5%</td></tr>
</table>

# 参考文献


[1] 张旭明,王缉东. 轻松茶艺全书[M]. 北京:中国轻工业出版社,2010.
[2] 刘铭忠,郑宏峰. 中华茶道[M]. 北京:线装书局,2010.
[3] 中国就业培训技术指导中心. 茶艺师[M]. 北京:中国劳动社会保障出版社,2008.
[4] 于观亭. 中国茶经[M]. 长春:吉林出版集团有限责任公司,2011.
[5] 陆羽. 茶经[M]. 呼和浩特:内蒙古出版集团,2011.
[6] 姚松涛. 学茶全面入门[M]. 北京:中国轻工业出版社,2012.
[7] 张秋埜. 酒店服务礼仪[M]. 杭州:浙江大学出版社,2009.
[8] 苗祖荣. 把茶卖给喝咖啡的人[J]. 现代青年,2009(10):52.
[9] 李良旭. 将茶叶推销给奥巴马[J]. 意林,2009(11):57.
[10] 陈丽敏. 项目教学法在茶文化课程中的应用[J]. 广东茶业,2010(6):26-29.
[11] 郑春英. 茶艺概论[M]. 北京:高等教育出版社,2006.
[12] 张京,茶艺实训教程[M]. 成都:四川师范大学电子出版社,2011.